圖說元宇宙

（第二版）

須彌 著

孫垚 繪

從BIGANT到ChatGPT

開明書店

前言

　　新冠病毒疫情爆發以來，遠程辦公和學習成了很多人的常態。除了有點不適應，這似乎並沒有讓人想得太多，Facebook 公司把自己的名字改為 META，也只是讓人們知道了元宇宙這個詞，並沒有意識到人類的文化包括生活、工作、娛樂、交流、創造和消費等，正在發生根本性的改變。

　　不論是從技術上還是文化上，元宇宙似乎是由一堆不同技術和理論相互支撐和共同推動的，連很多 AI 和互聯網業內人士都說不清楚，哪些是最根本的，哪些是無關緊要的；哪些是必將大規模應用和推廣的，哪些可能只是曇花一現的。連一個得到所有人認識的定義還沒有形成呢。

　　元宇宙是下一代互聯網 Web3 麼？

　　它是現在網絡遊戲空間的擴展麼？

　　元宇宙需要哪些新興技術來構建？

　　它是一種和當下截然不同的經濟運作新模式麼？

　　元宇宙何時真正到來，又會怎樣改變普通人的生活樣貌？

　　那時候，我們每個人真的會變成自帶分身的「阿凡達」嗎？

　　虛擬現實（VR）、增強現實（AR）、混合現實（MR）、擴展現實（XR），我們最後還能分得清哪些是現實哪些是

虛擬嗎？

ChatGPT 橫空出世，對元宇宙又有什麼影響？

也許，和過往一切大規模的轉型一樣，元宇宙也必將在這種困惑和混亂的探索中完成構建。

未來已來，元宇宙橫空出世並開始風靡全球，新時代的大幕正在徐徐拉開，但是書店裏關於元宇宙的書卻多是專業性著作，普通讀者很難讀得懂。為了讓普通讀者都能對元宇宙有一個簡明直接的理解，我們編寫了這本小書，並請插畫師對內容進行了輕鬆明快的手繪圖解。這本書面向非理工科出身也非專業人士的普通讀者，從特點、技術、理論、文化、經濟、治理等方面，對元宇宙進行全面而簡明扼要的介紹。通俗易懂、生動有趣，是我們寫作過程中始終堅持的追求。

在全書的最後，我們匯集了大家日常會遇到的一些元宇宙名詞，根據目前公認權威的來源，進行解釋，以免技術名詞影響大家對元宇宙的了解。

由於作者水平有限，再加上本書定位為輕閱讀的科普小讀物，規模有限，因此難免會掛一漏萬，還望大家理解。

作者

2023 年 5 月

目錄

CHAPTER 7 元宇宙需要 什麼技術實現？

CHAPTER 8 元宇宙會形成 新的文明嗎？

ChatGPT
會是神助攻嗎？

CHAPTER **1**

走近
元宇宙

元宇宙並非單純的個人構想，而是人類慾望的大集合，是各種各樣的人類慾望在虛擬現實中蛻變、改造、轉生和重生之地。所以，元宇宙的故事不是單向的而是多維的，不是個人化的而是社會性的，是不同人的意志、願望和慾望交織碰撞而形成的。

什麼是元宇宙？

阿弘正朝「大街」走去。那是元宇宙的百老匯，元宇宙的香榭麗舍大道。它是一條燈火輝煌的主幹道，反射在阿弘的目鏡中，能夠被看到，能夠被縮小、被倒轉。它並不真正存在；但此時，那裏正有數百萬人在街上往來穿行。

這是 1992 年科幻小說作家尼爾‧斯蒂芬森（Neal Stevenson）在作品《雪崩》中描繪的景象。小說設定在未來的某一天，世界瀕臨崩潰，現實中天高地遠的人們，只要帶上耳機和目鏡，找到連接終端，就可進入由計算機模擬出來的另一個充滿陽光生機的遊戲世界，用網絡分身（Avatar）彼此交往，不僅能支配自己的收入，使用通證進行交易，也可休閒娛樂乃至通過競爭以提高自己的地位。

這部科幻小說開始了元宇宙的超前啟蒙。作為 2021 年以來新技術革命浪潮中「最靚的仔」，元宇宙有點像在 20 世紀 70 年代探討互聯網一樣，人們只看到一種新的社會生活形態正被一塊塊拼起來，卻沒人真正知道它會長成什麼樣，仍然是「一千個讀者就有一千個哈姆雷特」。

元宇宙並非一個全新的概念，而是一個舊概念的重生。維基百科的定義是「元宇宙，或稱為後設宇宙、形上宇宙、元界、超感空間、虛空間，被用來描述一個未來持久化和去中心化（無大台）的在線三維虛擬環境。」

元宇宙是由無數虛擬世界、數字內容不斷碰撞、膨脹而形成的。

　　從人的角度來說，元宇宙就是一個虛擬場景的人類社會，或者可以說是人們借用數字分身進行彼此交流和同世界的交互，以此為基礎形成大量的虛擬社羣，由此催生出虛擬社會。元宇宙不是憑空捏造的，而是包含有不同人的真實人生，是人們一起在幻想中結成夥伴，創造想像出的。它不是一家獨大的，也不是封閉的，而是由無數虛擬世界、數字內容不斷碰撞、膨脹而形成的。

元宇宙裏
會有什麼？

　　和現實中的任何地方一樣，元宇宙也需要開發建設。開發者可以構建自己的小街巷，依附於主幹道。他們還可以修造樓宇、公園、標誌牌，以及現實中並不存在的東西，比如高懸在半空的巨型燈光展示，無視三維時空法則的特殊街區，還有一片片自由格鬥地帶，人們可以在那裏互相獵殺。

　　上面是《雪崩》的描述，也就是說：只要是現宇宙中有的東西，元宇宙中都會有。現宇宙中沒有的東西，元宇宙中也可以有。

　　首先，元宇宙中有原住民，那就是虛擬數字人。他們仿照人的形象出現，從外表和互動方式及邏輯上無比貼近人類，它是人類在虛擬世界中的投射分身。

　　其次，元宇宙中有大街小巷和虛擬樓宇房屋，甚至還會有虛擬的會議室，你可以邀請朋友或者夥伴到你的虛擬處所裏玩耍、洽談，還可以培訓新員工。你坐在沙發上瀏覽 Instagram 時，看見一個好友貼出的演唱會視頻，你就可以全息影像形式瞬間出現在演唱會中，還能看見舞台上方飄浮的文字，並和實際在現場的朋友接觸交流。

　　最後，元宇宙中有人能夠創造出來所有東西。

　　在屬於元宇宙範疇的遊戲《我的世界》中，玩家享有充分的創作自由，每個角色都沒有固定的人設、性格與未

只要是現宇宙中有的東西，元宇宙中都會有。

來，玩家可以自由發揮，比如創建只屬於個人的精緻私人家園，也可以搭建平台來廣交朋友；你可以像遊俠一樣四處狩獵、開礦，也可以什麼也不做；你可能遇到各種隨機事件，就像現實的人生中遇到各種不同的機遇一樣，獲得或失去點什麼……只要你敢於創造，你就可以擁有各種你想得到的結果。

元宇宙是
有限的嗎？

目前，很多遊戲都創造了一個永續的虛擬世界，玩家可以在其中聚會、玩樂和共事合作，參加演唱會和名畫展覽之類，還能置身於一個充滿奇幻色彩或者高度仿真的虛擬處所，認識包括荷馬、李白等歷史人物。

那麼，這就是元宇宙的一切嗎？對，但也並不全對。說某一款遊戲是元宇宙，就好比說谷歌是互聯網一樣。就算你能在一個遊戲社區中花費大量時間進行社交、學習和玩遊戲，也不意味着這個遊戲包含整個元宇宙。

另一方面，正如我們可以準確地說谷歌構成互聯網的一部分，我們也能說，創造這款遊戲的公司正在構建一部分的元宇宙，但並非唯一，很多構建工作會由微軟和Facebook 等巨頭來完成。

目前的傳統遊戲多是在一定的邊界內進行，有一個確定的開始和結束，並且以獲勝為目的，因而也以出現有限數量的贏家為終局。而未來的元宇宙，更像是一個無限遊戲，其目的就是延續遊戲，因此它既沒有確定的開始和結束（不停機），邊界是開放和變動的，也沒有特定的贏家和輸家。從構建上來說，有限遊戲是由遊戲公司構建，而元宇宙則是在智能合約體系上由所有人共同構建的。

從哲學的角度考察，元宇宙甚至會改變我們過往對於

元宇宙更接近於法國哲學家柏格森所說的「綿延」：一條沒有邊也沒有底的河流。

時間的理解，不再用廣延和空間的概念來想像時間，因此元宇宙的延續，也就會更接近於法國哲學家柏格森所說的「綿延」：一條沒有邊也沒有底的河流。

因此，不論從空間還是時間來看，元宇宙都將是無限的。

元宇宙是
一種空間嗎？

　　元宇宙是宇宙的一種，很多人把宇宙誤解為一個空間，但傳統中國人是把宇宙理解為時空的。古人說：「上下四方謂之宇，往古來今謂之宙。」「宇」與「宙」並舉，同時涵蓋了空間和時間的概念。從這個角度，元宇宙可以看作是一個獨立於現宇宙時空的數字虛擬時空（虛擬多維時空），是我們映射現實時空的一個世界，具有連接感知和共享特徵，並能夠影響現宇宙。

　　然而，空間甚至時空卻並不是元宇宙的本質。它的本質是一種建立在虛擬世界中的社會生活方式，或者說場景或生態：今天在現宇宙中的所有工作和生活，都可以在元宇宙中以身臨其境的方法實現，包括但不限於人們已經習以為常的開會或上課、到世界各地的景點遊覽、約朋友一起看電影，甚至是從事或者接受某種服務、規劃和構建一棟建築等，當然更包括金錢的支付和收入。

　　除此之外，這種生活方式還能突破現宇宙的很多限制，比如說可以按照自己的喜好打造一個形象來和別人交流，別人依舊會看到你的形象，也知道那是假的，但卻可以習以為常地進行溝通，甚至會基於這個形象而產生愛情。凡所有相，皆是虛妄，這樣的通透徹悟能夠變成尋常道理，但並不會影響我們以新的方式來過正常的生活，甚

元宇宙的本質不是空間，而是帶有空間屬性的社會生活方式。

至會讓我們更接近於生活和生命的本來面目。

也就是說，元宇宙的本質不是空間，而是帶有空間屬性的社會生活。

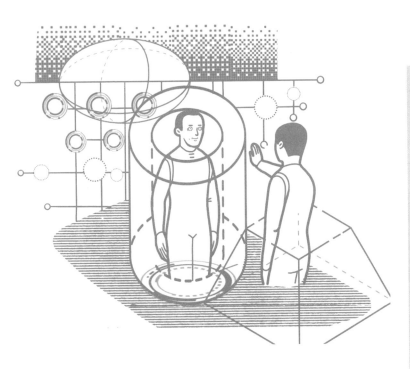

元宇宙是
平行世界嗎?

　　中國古代的列子曾經講過一個「晝夜各分」的故事,算得上是他幻想出來的平行世界:有老役伕筋力竭矣,而使之彌勤。晝則呻呼而即事,夜則昏憊而熟寐。精神荒散,昔昔夢為國君,居人民之上,總一國之事。遊燕宮觀,恣意所欲,其樂無比。覺則復役。人有慰喻其勤者,役伕曰:「人生百年,晝夜各分。吾晝為僕虜,苦則苦矣;夜為人君,其樂無比。何所怨哉?」

　　夢境中的所有快樂都是僕役現實生活的平行線,永不相交。元宇宙卻與此既相似又有不同。相似的是元宇宙同樣以個人慾望化幻象為總體目標,不同的是元宇宙不僅僅包括單個人的慾望設計,而是允許不同主體的經驗共享,即每個人都在其中塑造以自己為主角的故事。在這一點上,元宇宙仿佛不是被人設計出來的,而像是自動發生的 —— 這恰恰也正是現宇宙的硬核邏輯。

　　從這個角度來說,元宇宙並非單純的個人構想,而是人類慾望的大集合,是各種各樣的人類慾望在虛擬現實中蛻變、改造、轉生和重生之地。所以,元宇宙的故事不是單向的而是多維的,不是個人化的而是社會性的,是不同人的意志、願望和慾望交織碰撞的。在其中,人們之間的互動會更加深刻和多元化,交互、沉浸、協作的特點也會

當然不是啦，元宇宙的故事不是單向的，而是多維的！不是個人化的，而是社會性的！

元宇宙是平行世界嗎？

更加明顯，而不會變成俄羅斯套娃一樣的平行或包含。

　　另一方面，元宇宙和現宇宙也不會形成「不知有漢，無論魏晉」的平行世界，雙方的界限會不斷被打破並持續融合，人們在元宇宙中的虛擬活動，會在現宇宙中表現出越來越顯著的力量。二者的融合，將會帶來生活、藝術、科技、遊戲融於一體的未來新世界。

　　因此，不論是元宇宙內部還是它與現宇宙之間，都不會形成我們所想像的「平行世界」。

元宇宙是 Web3 嗎?

Web3 是指基於區塊鏈技術的去中心化在線生態系統,許多人認為它代表了互聯網的下一個階段。

目前,Web3 伴隨着元宇宙的熱潮而吸引越來越多的關注和投入。據虎嗅不完全統計,2022 年的 1 月至 4 月,全球最大的風險投資紅杉資本以每周一家的投資速度,共投資了 17 家 Web3 公司。它的競爭對手 Coinbase Ventures 僅在 2022 年第一季度就投資了 71 家公司,幾乎一日一投。在元宇宙和 Web3 的關係上,有人也將元宇宙理解為 100% 滲透、一天 24 小時不間斷使用的 3D 版 Web3,即通過使互聯網具象化的方式獲得沉浸式體驗。

這種說法對,也不對。Web3 產品相比傳統的互聯網,多了一些新特點,比如去中心化、不可篡改、每條數據都歸用戶所有、數據可以買賣等。而「元宇宙」應該是整合了 Web3 技術的新型的虛實相融的社會形態。它基於擴展現實技術提供沉浸式體驗,以及數字孿生技術生成現宇宙的鏡像,它通過區塊鏈技術搭建經濟體系,並將元宇宙與現宇宙在經濟系統、社交系統、身份系統上密切融合,同時允許每個用戶進行內容生產和編輯。

元宇宙既包括了 Web3 的模塊,又在此基礎上展示為一種全面的社會形態,它將深刻地改變人類的辦公、城

元宇宙既包括了 Web3 的模塊，又在此基礎上展示為一種全面的社會形態。

市、工業等多個領域的形態，帶動社會生產力提升、生產形態變革進而改變產業鏈及價值分配模式。

這樣的元宇宙在技術上是可演進的，但問題可能在於：這種新的商業、金融和經濟體系是以數字原生的方式出現，不僅有對現宇宙的互補性，還有一定的革命性，它要如何減少對現宇宙的衝擊，從而與現實社會和諧共處？

元宇宙是
人工智能嗎？

　　過去的 60 多年，人工智能（Artificial Intelligence，簡稱 AI）是發展經歷了三次浪潮。第一次浪潮是 1956 年 8 月提出 AI 的概念。第二次浪潮是 20 世紀 80 年代，計算機算力提升達到了可以解決智能系統問題的程度。第三次浪潮是 2000 年之後深度神經網絡算法的興起，跨越了智能語音、圖像識別的感知智能技術鴻溝，同時生活方式和生產方式變革豐富了 AI 的應用場景和需求，形成巨大的驅動勢能，人類進入到了「人機物」萬物智能互聯的新時代。

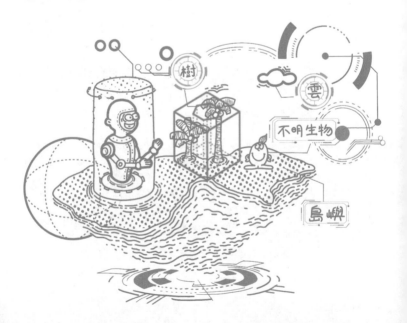

AI 將是元宇宙的一種鏈接手段和構建方式，而不是它的全部。

　　成熟的 AI 技術是元宇宙實現的前提，VR 手勢追蹤、音頻提示等功能的實現均依賴於人工智能技術的識別和解析，與 AI 技術緊密結合也能夠進一步實現工作及溝通效率的提升。例如，微軟的系統實現了多人實時會議、線上方案共享、實時翻譯和轉錄文字等協作辦公方面的實用功能，解決語言溝通障礙；META 為了能讓用戶更方便地使用面前的實體鍵盤，在 Horizon Workrooms 加入了鍵盤追蹤功能，使用戶可以一鍵訪問 PC，還可以在會議期間做筆記，將文件帶到虛擬現實，甚至可以選擇與同事共享屏幕。

　　2022 年 2 月 23 日，扎克伯格表示，公司正在進行 AI 研究，為的是只用自己的聲音就能細緻入微地創造各種世界，有了它，人們將能夠描述一個世界，並生成它的方方面面。在一段事先錄好的演示視頻中，扎克伯格展示了一個名為 Builder Bot 的人工智能概念：他作為一個三維分身出現在一座島嶼上，發佈語音指令來創建一座海灘，然後添加雲、樹，甚至一塊野餐墊。

　　AI 將是元宇宙的一種鏈接手段和構建方式，而不是它的全部。

CHAPTER **2**

元宇宙的
構思源於何處？

人們很快可以隨時隨地切換身份，穿梭於真實和虛擬世界，任意進入一個虛擬空間和時間節點所構成的「元宇宙」，在其中學習、工作、交友、購物、旅遊。對於這樣的經濟系統、社會系統和社會生態，人們目前的想像力顯然是不夠的。

　　元宇宙是通過發達的媒介技術展現的虛擬世界，而最典型的虛擬世界就是我們的精神世界，它幾千年來一直存在於語言和文字之中，在媒介的發展推動下不斷外顯：文字帶來了文學，銀幕帶來了電影，電腦帶來了電子遊戲，最後出現了今日元宇宙的雛形。

　　在哲學和文學藝術作品中被稱為「可能世界（Possible World）」或者「架空世界（Fictional Universe）」的東西，就是元宇宙的最早構思。

　　「可能世界」很早就被哲學家提出，文學藝術家則利用使用文字對它進行虛構。西方文學中最為典型的設想來自但丁的《神曲》：宇宙體系總則為一，十天球層圈套環形成的體積容量無限外延的大宇宙，這個宇宙是由獨一上帝之「愛」溢射而出，宇宙的中軸線是撒旦 B 點和上帝 A 點，這條線包含兩個箭頭方向，上行是歸一上帝的善道，下行為叛離上帝的惡道。無限複多全部共時性地顯形在上帝的生命卷軸中，人類窮極智慧所追求的真理和至福歸宿就是天國。

　　而托爾金則構建了一個「中土世界」，在那裏，「火花將從死灰中復燃，光明將從陰影中重現。」這些風靡一時的作品，使讀者長久沉迷於這些創造出來的奇幻世界中。

「可能世界（Possible World）」或者
「架空世界（Fictional Universe）」
就是元宇宙的最早構思。

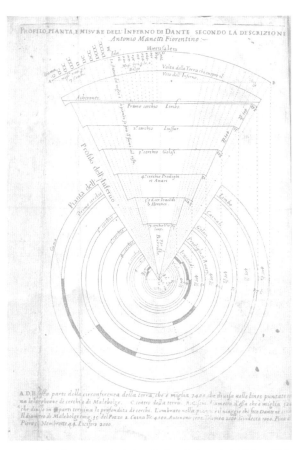

但丁《神曲》中地獄的設計和維度，作者：安東尼奧・馬內
蒂（Antonio Manetti），約 1529 年，康奈爾大學圖書館藏

圖說元宇宙

元宇宙的構思源於何處？

CHAPTER 2

032
033

文學
藝術（2）

　　中國古人也不遑多讓，莊子構建了一個蝴蝶的世界與莊子的世界對應，他夢見自己變成了一隻欣然飛舞的蝴蝶，他完全不知道自己是誰了。突然醒來後，莊周已經不知道：到底蝴蝶的世界是真實的，還是莊周的世界是真實的？或者，兩個世界都是真實的？

　　而在結構設計上，最典型的代表作是《西遊記》：四大部洲、須彌山與海洋共同組成了龐大的宇宙。它承認宇宙的複雜性與多元性，因而也承認很多平行宇宙的存在。

　　一些研究者認為，1974 年出版的《龍與地下城》是美國元宇宙文學的發端，它後來被改編為遊戲。而目前公認的元宇宙思想源頭，則是美國計算機專家兼賽博朋克流派科幻小說家弗諾・文奇在 1981 年出版的小說《真名實姓》。他在其中構思了一個通過「腦機接口」進入並能獲得感官體驗的虛擬世界。小說出版時，互聯網技術才初露端倪。其後的 1984 年，美國作家威廉・吉布森完成科幻小說《神經漫遊者》，創造了「賽博空間」（又譯「網絡空間」），進一步推動了人類對元宇宙的構想。

　　1991 年，賽博空間催生出「鏡像世界」的技術理念，即現實中的每一個場景都能通過軟件投射到人工編制的電腦程序中，並讓用戶通過與鏡像世界互動。這一年，耶魯

大學戴維·蓋勒恩特出版了《鏡像世界：或軟件將宇宙放進一隻鞋盒的那天……這會如何發生，又將意味着什麼》。

莊周夢蝶

影視
音像

1999 年上映的影片《黑客帝國》（The Matrix），呈現了一個體驗度更高、真相卻很殘酷的「元宇宙」——母體矩陣（matrix）。人工智能打造並控制着一個看似正常的現實世界，其沉浸式體驗感能騙過人的大腦，人「活」在其中，衣食住行照常進行，身體產生的熱能則被人工智能轉化成電力。

同一年上映的《異次元駭客》，同樣用生猛的概念「擊穿」觀眾大腦。影片講述兩位科學家霍爾和富勒，用電腦模擬出一個設定於 1937 年的虛擬世界。可之後不久，富勒離奇死亡，霍爾成了頭號嫌犯。為了弄清真相，霍爾開始頻繁往返於真實和虛擬世界之間。影片故意模糊了現實和虛幻的界限，試圖探討一些至關重要的哲學命題：人類是否擁有自由意志？我們的所見與存在是否真實？

詹姆斯·卡梅倫導演的《阿凡達》（2009 年）其實也是一部「元宇宙」電影，完美詮釋了分身的概念。男主人公傑克下肢癱瘓，「進入」阿凡達的分身時，卻可以獲得從未有過的自由體驗，仿佛重生。

2018 年，大導演斯蒂芬·斯皮爾伯格拍攝了電影《頭號玩家》，呈現了「綠洲」這樣一個與現實世界本質雷同的虛擬世界。在「綠洲」裏，玩家們幾乎可以進行除吃喝

電影在向人們展示元宇宙的同時，也改變了人對生存狀態和感知方式的認識。

拉撒睡以外的一切活動。而在其外，有 VR/AR 頭顯、體感服、萬向跑步機等硬件設備支持玩家的遊戲體驗。《頭號玩家》描繪了「元宇宙」的藍圖，同時提醒它不能成為人類生活的全部。

這些電影在向人們展示元宇宙的同時，也改變了人對生存狀態和感知方式的認識。

電子
遊戲

　　高度發達的電子遊戲，顯示了對現實世界的模擬，而新型的沙盒（Sandbox）類遊戲，本身就是一個完整的虛擬世界：藉助於高超的數字技術和顯示技術，可以讓人們在這個空間中從事同現實基本相一致的活動：進行買賣交易，甚至是圈地蓋房。人們可以近距離地接觸甚至是融入到「可能世界」中。

　　這突破了人在現宇宙中交互的限制，既完成了人和機器的交互，又完成了人和人的交互，並且完成了虛擬世界的「現實化」，這一革命性發展為元宇宙的出現奠定了堅實的基礎。在這一階段，元宇宙更多地被理解為平行的虛擬世界。

　　1996 年的賽博朋克風城市建造模擬遊戲 Cybertown，可說是新古典「元宇宙」的重要里程碑。遊戲中，玩家可以在新行星上探索世界，建造賽博朋克風都市，一邊管理市民和經濟一邊進一步擴大。因為有時會發生罷工和叛亂的情況，必須組織軍隊和航空艦隊。

　　2003 年，美國互聯網公司 LindenLab 推出基於 Open3D 的《第二人生》（Second Life）；2009 年瑞典 Mojang 開發了《我的世界》（Minecraft），成為有史以來最受歡迎和最暢銷的沙盒遊戲（後賣給微軟的 Xbox 遊戲工作室）。

多人在線的大型網絡遊戲完成了虛擬世界的「現實化」，完成了虛擬世界的革命性發展。

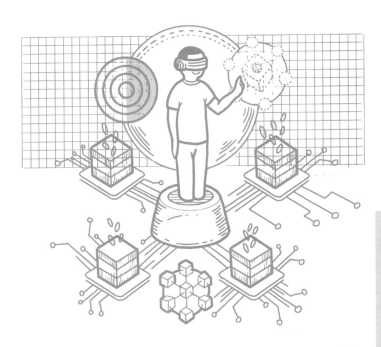

　　2021 年 3 月，全球最大的互動社區之一及大型遊戲創作平台 Roblox（羅布樂思）在紐交所上市。在 Roblox 中每個人都有自己的數字身份來進行社交，在平台上所獲得的錢可以與現實貨幣轉換。這一經濟體系將內容創作者與消費者連接在一起，讓玩家可以自由地改造這個虛擬世界。用戶生成內容鑄造了 Roblox 的虛擬世界，這讓 Roblox 成為了現階段元宇宙的代表。

社交
關係

　　關於元宇宙有很多不同的想法，但人與人的社會關係是其核心。馬克思的論斷「人的本質不是單個人所固有的抽象物，在其現實性上，它是一切社會關係的總和」在元宇宙中不會失效，數字化生存的人，也會成為虛擬—實在的社會關係的總和。可以預見，元宇宙將成為各種社會關係的超現實集合體。

　　Roblox 公司提出，元宇宙應具備身份、朋友、沉浸感、低延遲、多元化、隨地、經濟系統、文明等八大要素。基於這一標準，「元宇宙」＝創造＋娛樂＋展示＋社交＋交易，人們在「元宇宙」中可以實現深度體驗。從發展來看，元宇宙將逐漸整合互聯網、數字化娛樂、社交網絡等功能，甚至將整合社會經濟與商業活動。

　　今天，互聯網技術和硬件充分普及，同時疫情促使大眾對在線交互有了更高的認知度和接受度，作為線上虛擬數字世界的元宇宙，不再是那個停留在幻想中的迦南之地，而有了更多應用和落地。比如 Roblox 由一個遊戲平台發展為一個教育平台，深入教育領域打造數字化課堂。或許在未來，Roblox 很可能會成為元宇宙中的規範化學習工具。如此下去，人們很快可以隨時隨地穿梭於真實和虛擬世界，任意進入一個虛空間和時間節點所構成的元宇宙，

數字化生存的人，在其現實性上，也會成為虛擬—實在的社會關係的總和。

在其中學習、工作、交友、購物、旅遊。對於這樣的經濟系統、社會系統和社會生態，我們目前的想像力顯然是不夠的。

元宇宙構造的七個層面

去中心化

空間計算

創作者經濟

人機互動

體驗

基礎設施

發現

元 宇 宙
能做什麼？

記憶和意識可以「上傳」，那麼也可以「下載」。我們所需要的只是一個通過克隆、3D打印或更高技術製造的碳基身體，作為植入靈魂和意識的載體。未來，元宇宙可能是人類實現永生的一種解決方案：從碳基生命轉向硅基生命，但最終兩者可以融合和切換。在元宇宙中永生，你準備好了嗎？

元宇宙
演唱會

　　歌手在網絡舉辦演唱會其實從 10 幾年前就有。2013 年 9 月，周傑倫與「虛擬」鄧麗君進行了隔空對唱。

　　2020 年以來，科技成熟加上疫情使然，線上演唱會的想法才真正變成音樂圈的選項之一，多家平台共計推出了近百場形式不同的線上演唱會、音樂節以及線上劇場演出等，比如網易云音樂推出的「雲村臥室音樂節」，開播首月觀看人數便超過了 1600 萬。

　　美國饒舌巨星 Travis Scott 在歐美人氣驚人，他在遊戲《堡壘之夜》（Fortnite）中舉辦了一場虛擬演唱會，全球 1230 萬遊戲玩家成為虛擬演唱會觀眾。除了場景升級以及巨星各式不同的造型外，更帶出了新興商業模式。演唱會不僅推出實體周邊，連遊戲造型、人物動作等等可供玩家選購的虛擬商品都有，銷售額共有兩千萬美元。

　　2021 年初《堡壘之夜》聯合音樂人 Marshmello 通過虛擬形象進行實時直播，玩家們入場後甚至可以到他身邊親密互動，1070 萬人參與了這場音樂會。這次演唱會的成功，讓世界看到了元宇宙的未來。遊戲平台 Roblox 也在其中舉辦了虛擬音樂會，包括 LilNasX 和 ZaraLarsson 等著名歌手。

　　2021 年 8 月，美國知名女歌手 Ariana Grande 在《堡壘之夜》進行了為期數天的虛擬演唱會 Rift Tour，吸引了

多達 7800 萬玩家。要看到演出前要先闖關打怪，最後以英雄之姿出現的亞莉安娜像中場秀表演者一樣現身。配合遊戲調性，也利用表演者作為故事推進的角色，這場演出更被譽為虛擬世界內最大的音樂活動。這已經達到了假作真時真亦假的程度。

聽說演唱會結束後可以跟偶像親密互動。

咿呀咿！嗩嗩嗩！

元宇宙
畢業典禮

2020 年 5 月，加利福尼亞大學伯克利分校舉辦了一場虛擬畢業典禮，典禮上校長致辭、學位授予、拋禮帽、領學位證甚至畢業典禮後的 Party 等環節一個不落，為因疫情居家的畢業生們彌補了遺憾。伯克利的學生們組成了一個超過 100 人的團隊，在沙盒遊戲《我的世界》裏重現了學校 100 多棟建築物，包括學校的體育場、教學樓和小商店，增加參與者的熟悉感與沉浸感。老師、學生、校友們則紛紛化身成了方形像素的樣子，完成了這場畢業典禮。

可以說，這是第一場在元宇宙中舉辦的大學畢業典禮。

2021 年 6 月 16 日，中國傳媒大學動畫與數字藝術學院的畢業生們在《我的世界》中根據校園風景的實拍，還原了校園內外的場景，上演了別開生面的「雲畢業」，就連花草、樹木甚至是校貓也亮相其中。在「典禮」的進行過程中，校長還提醒同學們不要在紅毯上飛來飛去。這場「畢業典禮」在嗶哩嗶哩直播時，有網友感慨地說像「霍格沃茲的畢業典禮」，讓人感覺既魔幻又興奮。

這是一次現實與虛擬之間的映射，也又一次讓「元宇宙」離我們更近了一點。有人說：University（大學）即有一（uni）和一切（versity）兩個含義，這是一切可以學習的知識的總稱。元宇宙即有源於宇宙又高於宇宙之意。從

「請大家不要在畢業典禮的紅毯上飛來飛去」，這是在《我的世界》遊戲中發生的一幕。

這個意義上說，元宇宙和高等教育本身就有結合在一起的優勢。所以人們造了一個詞 METAversity = METAverse + University，意思是元宇宙高等教育。

元宇宙中
仿真交流

在元宇宙的虛擬世界裏，人們可以交談、購物、散步、看電影、參加音樂會，做任何他們在現實生活中可以做的事；而在現宇宙中難以實現的體驗，在技術加持下也同樣能夠在某種意義上實現。

2021 年 4 月，英偉達 GTC2021 大會上，CEO 黃仁勛通過旗下的三維協作平台 Omniverse，在虛擬環境中仿真了其本人，其虛擬形象在交談過程中對答如流，真實到幾個月以來都沒有人發現任何異常。演講中的動作都是實時生成的，與預先渲染完全不同。

此外，全球頂級 AI 學術會議 ACAI 在《動物森友會》（Animal Crossing Society）中的一個虛擬小島上舉行研討會，面朝大海，春暖花開，無論從規格、程序還是人氣上，這次會議和真正的學術會議相比也並不遜色。《動物森友會》的遊戲世界裏不但有晝夜之分，不同季節的風景會隨真實時間發生改變，甚至南北半球玩家所在島嶼上的物產也有所不同。

不過，從目前來看，仿真交流要想大規模地運用，還有一些技術瓶頸。第一，元宇宙的高現實感分身，需要有現宇宙的信任體系和三維自動建模技術的高度發達；第二，在更豐富的社交場景中，跨語種交流不可避免，需要提高

跨語種翻譯效率、自動同聲傳譯技術；第三，隨時隨地登錄元宇宙需要高性能的虛擬現實裝置，以及優良的通信技術；第四，元宇宙中的事件均為同步發生，但現宇宙多信息並發傳播對通訊網絡技術是較大挑戰；第五，要保證用戶能擁有高專注度的沉浸體驗，就需要更豐富的交互方式以及更高超的虛擬現實設備顯示技術。

NFT
藝術品拍賣

　　NFT 是英文 Non-fungible Token 的簡稱，是存儲在區塊鏈（Blockchain）上的數據單元，又稱非同質化通證。與比特幣、以太坊之類的「同質化代幣」（FT）及鈔票的不同之處在於：每個 NFT 價值不同、形態不同、無可替換也不可分割，背後是加密數字資產或權益，對於創作者來說，這有助於版權保護還能保證其版稅收入。NFT 能產出「看得見摸得着」的產品和利潤，是元宇宙的基石和收入模式。

　　NFT 藝術的起源可以追溯到凱文·麥考伊（Kevin McCoy）2014 年的一幅名為《量子》的作品。2021 年 6 月，他以 140 萬美元的價格出售了 NFT 的一個版本。

　　2021 年 3 月，藝術家 Beeple 的 NFT 數字畫作《每天：最初的 5000 天》在佳士得的首次 NFT 拍賣會上，以超過 6900 萬美元的價格售出。很多人疑惑：這幾個像素塊為什麼能拍出天價呢？此外，NFT 藝術爆火的另一核心與利益相關——玩得好，有錢賺。2021 年 9 月，佳士得在亞洲首次開拍 NFT 加密藝術，拍品包括中國香港歌手余文樂的私人收藏，單《CryptoPunk9997》成交價就為港元 3385 萬。2021 年 10 月 9 日，香港蘇富比舉辦秋拍，導演王家衛的經典電影《花樣年華 —— 一剎那》的 NFT 以港幣 340 萬落槌，內容是拍攝首日 1 分 31 秒的未公開劇情。

CryptoPunk 是最早的 NFT 項目，這幅圖像在佳士得拍賣中以 33,850,000 港元成交。

我也要做 NFT 藝術品！

大家好！我是法爾曼教授，是我創作了最早的數碼藝術商品——笑臉和哭臉符號。

視頻

圖片

音頻

NFT 是一種數字資產，常以圖片、音頻、視頻的形式展現。

建立 NFT 藝術博物館

2022 年 2 月，世界上第一個線下 NFT 博物館和畫廊——西雅圖 NFT 博物館正式開放，佔地 3000 平方英尺的空間內部看起來像白色立方體，牆上的文字和作品顯示在高分辨率屏幕上，每個裝置都有一個指向元數據和藝術家故事的鏈接。

2022 年 4 月，福布斯公佈了其虛擬億萬富翁 NFT 收藏的預覽版。該系列包括一組虛構的投資者，擁有龐大的投資組合和基於紐約證券交易所實時定價的虛擬淨資產，還有引人注目的愛好和古怪的福布斯配飾，這些配飾將每天在福布斯虛擬 NFT 億萬富翁排行榜上排名。

「再現觀塘」NFT 藝術作品展海報

在物理空間中展示數字藝術品，融解了
虛擬和物理之間的界限。

這些都是我的
NFT 收藏品，
親隨意欣賞啊。

在物理空間中展示數字藝術品，融解了虛擬和物理之
間的界限。目前，無論是國外的 NFT 平台，還是國內螞蟻
和騰訊推出的數字藏品平台，都流行將每個人或者公司收
集的 NFT 集成為一個「博物館」。大量用戶喜歡看別人收
藏的作品，許多 NFT 愛好者已經購買了數十個，並且專門
設計了自己的「NFT 博物館」，將數字藏品供大家欣賞。

元宇宙中
買地和開店

在目前的區塊鏈遊戲平台 The Sandbox 和 Decentraland 中，已經開始出售元宇宙土地。土地是一塊由 NFT 代表的虛擬空間，平台一般會提供 3D 虛擬體驗，供人探索。業主依託平台，可將自家土地用於社交、廣告、工作、遊戲及其他用途。

元宇宙大熱，NFT 土地也多次創下虛擬房地產交易金額新高，兩個平台最貴的土地分別達到了 430 萬美元與 350 萬美元，比現實中美國曼哈頓的平均單套房價要高，更是遠高於美國其他州的單套房價。

Decentraland 是一個網絡虛擬空間，使用者可以在該平台上面購買虛擬土地，建造和裝修自己的房子，開設店面，也可買賣交易房地產。

The Sandbox 是在以太坊上的一款區塊鏈沙盒遊戲，宗旨是邊玩邊賺（Play to Earn），買家可以買地建房、轉售或向入場人士收費；也可以創建遊戲、模型等虛擬資產，再分享給他人獲利。目前共有 166,464 塊名為「LAND」的 NFT 虛擬土地，大約七成由逾 1.7 萬名地主擁有，包括中國香港新世界發展集團行政總裁鄭志剛、藝人馮德倫和舒淇等人。鄭志剛投資購買了「沙盒」中最大的數字地塊打造創新中心，據報投資金額約 500 萬美元。

NFT 元宇宙土地是一塊非同質化通證代表的虛擬空間。

　　元宇宙的虛擬土地炒作，也給一些傳統品牌帶來了啟發，它們相繼在元宇宙土地中搭建了自己的虛擬店舖，以期待完成對未來元宇宙產業的佈局，像家樂福、耐克、阿迪達斯，以及奢侈品牌 LV、Gucci、Burberry 等都開始在虛擬世界中搶着圈地。

元宇宙
時尚商品

　　2021 年，許多時尚品牌進入元宇宙。Nike 和 Vans 在 Roblox 上開設了店舖，出售 Air Force 1 或其他配飾。Balenciaga 與 Fortnite 合作開發了一系列遊戲內服裝，還推出了自己的遊戲 Afterworld，粉絲們可以在虛擬世界中嘗試季節性時裝。

元宇宙中的時尚將遵循非功能性藝術的趨勢，更重視其藝術的一面。

鑑於消費者對 NFT 的熱情，2021 年 12 月，耐克花費兩億美元收購了虛擬球鞋公司 RTFKT。目前，RTFKT 的一雙 NFT 球鞋的價格大概為十枚以太坊（17 萬美元），是高端耐克鞋的百倍。

2021 年 12 月中旬，阿迪達斯推出了三萬個「Into the METAverse」系列 NFT 作品，每個 800 美元（約 5000 元），短時間內被一掃而空，贏得近 2400 萬美元收入，而它 2020 年三季度的淨利潤也不過五億美元。阿迪達斯還入駐 The Sandbox，與加密貨幣交易所 Coinbase 建立合作夥伴關係，還與無聊猿猴遊艇 NFT 俱樂部、流氓漫畫 NFT、AR 公司 G-Money 達成夥伴關係。

2022 年 3 月，元宇宙時裝周在 Decentraland 舉辦，陣容包括多個全球知名時尚品牌，與首次亮相的新貴數字獨家品牌和設計師們一起展示商品。該活動讓我們窺見數字時尚的未來——品牌的重要性退位於美學。現宇宙中，大型公司決定了時尚是什麼，而元宇宙中的時尚將更重視其藝術的一面，那些搶先在元宇宙中進行創作並且精通 3D 渲染和 NFT 實現的設計師將大受歡迎。

入住一家
虛擬酒店

2022 年 6 月 1 日，遠洲旅業旗下高端連鎖酒店品牌入駐分形者元宇宙。

分形者元宇宙由 ADG 投資、探針科技建設，遠洲旅業買了其核心區域「分形島」水岸邊的一座大型 NFT 虛擬建築，背靠分形者元宇宙東部世界的「不周山」山脈，造型獨特，視野開闊，風光秀麗。據第三方交易平台數據，該 NFT 建築物的市場掛牌價為 100 萬美元。

遠洲旅業將分三步走的戰略打造虛擬酒店。第一步，完成虛擬酒店的開設，實現可視化的操作體驗；第二步，把現宇宙中的會員體系、酒旅產品和服務等，通過 NFT 等技術映射到虛擬酒店中；第三步，打通現宇宙與元宇宙的雙向交互，實現虛實共生和多元體驗。對此，遠洲旅業執行總裁徐寅說，一位客人入住了現實世界中的一間遠洲酒店，他可以通過房間內的 VR 設備進入虛擬酒店，走到二層露台，和在這裏的一位虛擬人聊天、喝酒、吹海風，還可以相約一起去旁邊的「不周山」遊玩，可以乘坐豪華遊艇出海……而虛擬人的真身正處於現實世界中的另一間遠洲酒店。

2022 年 5 月初，全球首家元宇宙酒店 M Social Decentraland 正式開業，只需要註冊一個賬號，就能雲入

他可以通過現實酒店的 VR 設備進入虛擬酒店，走到二層露台，和在這裏的一位虛擬人聊天、喝酒、吹海風……

分形者元宇宙中的遠洲虛擬酒店外觀

住隸屬新加坡千禧酒店集團的這家虛擬酒店，在酒吧聚會或慶祝紀念日。幾乎同時，西班牙馬德里萬豪酒店的元宇宙版本亮相，參觀者戴着 Oculus 設備，驚嘆不已地「穿過」虛擬酒店的房間……

收養一隻
數字貓咪

作為全球首款區塊鏈遊戲，《謎戀貓》(Cryptokitties) 在 2017 年 11 月發佈後一度火熱到癱瘓以太坊運作。遊戲中，玩家可以飼養、繁殖以 NFT 的形式存在的虛擬貓咪，每一隻貓咪都擁有獨特的基因組，這決定了它具備獨一無二的外觀和特徵，而且 100% 歸玩家所有，無法被複製、拿走、或銷毀。

謎戀貓官方將他們設計的謎戀貓合約發佈到了以太坊上並做了公證，約定了 0 代貓只能由開發公司的 CEO、COO 來產生，並限定 0 代貓最多產生的數量，以及玩家之間如何交易貓，兩隻貓咪之間如何繁育、貓咪備孕週期等等規則。所有玩家可以按照規則收養和繁殖貓咪，創造出全新的喵星人並解鎖珍稀屬性。沒有玩遊戲的人也可以購買 NFT 貓咪，這不但解放了遊戲內虛擬資產的所有權，創造出經濟價值，也催生出 GameFi (game finance，遊戲化金融)。自推出以來，遊戲已聚集了 150 多萬用戶，交易總價值已經超過 4000 萬美元。

2018 年，越南開發商 Sky Mavis 推出了一款將加密貨幣和寵物小精靈相結合的遊戲《Axie Infinity》，遊戲在以太坊區塊鏈上運行，玩家可以飼養、對戰和交易名為 Axies 的 NFT 寵物。開發者還設計了一個側鏈以支持遊戲

遊戲中有一種「邊玩邊賺」（Play-to-earn）模式，讓每位玩家能合法地獲利。

《Axie Infinity》遊戲頁面

內快速交易。

要開始遊戲，你需要從遊戲的市場上購買至少三個 Axies。Sky Mavis 從用戶相互出售的所有 Axies 寵物、虛擬房產和其他物品中抽取 4.25% 的費用。玩家還可以培育新的 Axies，這需要花費遊戲中的兩種本地加密貨幣。Axie Infinity Shards（AXS，這也是一種通證，讓持有者對遊戲的未來有發言權）和 Small Love Potion（SLP，玩家的遊戲時間獎勵）。遊戲中有一種「邊玩邊賺」（play-to-earn）模式，讓每位玩家透過完成任務合法獲利，比如稀有的 Axies 寵物可以賣到 30 個 ETH（目前價值約六萬美元），而虛構世界 Lunacia 中的理想房產可以賣到近 270 個 ETH（目前價值約 54 萬美元）。遊戲還獎勵爆肝玩家每天多達 200 個 SLP 通證（如果遊戲時間達到八個小時以上），價值超過 50 美元，這吸引了很多時間充裕特別是生計受到疫情影響的玩家。2021 年 5 月推出的紀錄片《邊玩邊賺（PLAY-TO-EARN）》，描述了部分菲律賓人倚靠這款遊戲賺錢支付賬單和債務的情況。

在元宇宙中永生

對人類來說，生離死別是沉重卻又是必然會經歷的部分，如何來緩解對去逝者的思念呢？元宇宙或許可以。

電影《載上新生》背景為 2033 年，可以把人的意識以數字化和虛擬化的形式保存下來，上傳到另外一個「虛擬世界」即元宇宙裏。家人就可以藉此和親人再次見面，甚至人死後還能參加自己的葬禮。

這種不久前還只存在於科幻電影中的情節，正在一步步地變成現實：荷蘭廠商 Here we Holo 可以幫助每個人生成自己的全息影像，親自在自己的葬禮上發表演講。

未來的元宇宙中，所能實現的可能會遠遠超過全息影像的層面。比如說，奶奶已經過世 20 多年了，我現在想跟她一塊兒聊聊天，一塊兒吃個飯，怎麼實現呢？似乎只能通過做夢，但夢是可遇不可求的。而在元宇宙時代，只需要把奶奶的記憶和思想放到電腦裏保存起來，然後做一個虛擬人的形象，把她的記憶和思想賦予到這個形象，她就可以跟我聊天，就可以跟我吃飯交流。這樣，現宇宙的時空就被突破了，奶奶也就在另一個世界永生不滅了。如果記憶和意識可以「上傳」，那麼也可以「下載」。我們所需要的只是一個通過克隆、3D 打印或更高技術製造的碳基身體，作為植入靈魂和意識的載體。

未來，元宇宙可能是人類實現永生的一種解決方案：從碳基生命轉向硅基生命，最終兩者可以融合和切換。真正的問題是這到底是意識的複製品，還是精神的延續。在元宇宙中永生，你準備好了嗎？

圖說元宇宙

CHAPTER 3 元宇宙能做什麼？

CHAPTER 4

完備的元宇宙
什麼樣？

未來的元宇宙應該有四個核心的特徵，滿足了四大特徵的，就是一個完善的、完整的、完備的元宇宙：高度仿真的沉浸式體驗、具備多元化應用場景的虛擬身份（或者叫虛擬分身）、以區塊鏈為支撐的虛擬經濟和去中心化的虛擬治理。

沉浸式
體驗（1）

　　未來的元宇宙應該有四大特徵，滿足了四大特徵的，才算是一個完善的、完整的、完備的元宇宙。第一個特徵叫作沉浸式體驗，這可以說是人們的一個本質追求。

　　沉浸感，也就是具備對現宇宙的替代性。隨着技術進步，這種沉浸感可以通過 VR/AR 乃至腦機互聯達到使人進入一個類似於現實生活的「擬態場景」，可以自由地和虛擬景象互動。作為跨圈型技術的 VR/AR，正在不斷突破影視、遊戲、社交媒體的次元壁，在汽車製造、交通運輸、建築設計、城市治理、醫療健康等實體產業落地生根。

　　目前講得比較多的是視覺和聽覺的沉浸式體驗。在視覺上看到的和在精神上體驗到的效果一模一樣，是最好的視覺體驗。聽覺的沉浸式體驗也是追求的目標，效果也已經不錯。在未來，也許很快會實現觸覺的沉浸式體驗，大家在元宇宙中看到別人做紅燒肉，也許就可以聞到肉的味道，也許不僅僅是聞到香味，還能夠真的品嚐到肉的味道。《黑客帝國》裏面就有一個有意思的對白：「我知道我剛才並沒有吃土豆燒牛肉，但是我的大腦就給我一個信號，告訴我剛才吃了土豆燒牛肉。」

元宇宙一定可以做到給你的大腦發了一個信號，就能讓你以為吃了紅燒肉。

　　所以，未來的人並不需要真正去吃某個東西才會讓肚子不餓。人的大腦其實是沒有區分現實和虛擬的能力，在元宇宙比較成熟的時候，一定可以做到給你的大腦發了一個信號，就能讓你以為吃了紅燒肉。

沉浸式
體驗（2）

　　從文化的角度來看，20 世紀戲劇美學的發展帶來了沉浸理念的變化。「欣賞者」，也就是讀者、觀眾等通過感知參與到藝術創作活動中；而在此前，藝術家更關注「靈魂的內眼」（the inner eye of the soul），而不是「身體的物理眼」（the physical eye of the body）。

　　而元宇宙天然可以形成有組織的總體故事，卻只能依賴不願意被各種宏大意義規劃的「小故事」來結構。這如同遊戲中的場景，其並非現實世界的表徵，不是因為因果序列或者支配性關係被鏈接在一起，而是浸潤交織、環絲相繫，使用的是感知而非符號，追求身體的沉浸，但是這種沉浸不是消極的、被動的，而是積極的，需要積極參與文本並進行嚴格的想像。

　　今天，即便觀眾看的是《阿凡達》這樣的 Imax 電影，也沒有沉浸式的體驗。很多 3D 遊戲也只能算是元宇宙的雛形。而未來在元宇宙裏面看到一個美女，甚至可以體會到牽着她手的那種感覺，再下一步，甚至是可以聞到她身上的芳香。

　　在比較遠的未來的元宇宙裏，也許還可以實現嚐到所謂「奶奶的味道」的菜肴。奶奶做的菜未必很好吃，但由於我們小時候吃習慣了，就特別喜歡那個味道。哪怕奶

沉浸式體驗就是視覺、聽覺、觸覺、嗅覺、味覺都能實現，甚至第六感也能實現。

奶不在世了，肉身已經消失了，在元宇宙裏也能夠嚐到那種熟悉的味道。沉浸式的體驗就是視覺、聽覺、觸覺、嗅覺、味覺都能實現，甚至第六感也能實現。

亦真
亦幻

　　人對虛擬世界的想像，一類是在文學藝術領域中構造一個個架空世界，另一類則是直接懷疑我們所處的世界本就是虛擬的，解構現實世界的超越性和唯一性。元宇宙則是這兩股想像由現實科技推動而發展的，而沉浸式體驗會打造一個亦真亦幻的世界。

　　虛虛實實、實實虛虛，大家都區分不了現實與虛擬了，可能就變成元宇宙的最終狀態。正如電影《失控玩家》的主題曲《幻覺》（Fantasy）中所唱：「沒有開始，自然就沒有結束，感覺我在做夢，但我又沒有睡着。」

　　遊戲是通過「視、聽、觸、識」的閉合方式，先讓身體沉浸在故事情境之中，創生幻覺性的沉浸意識和交互體感，形成全新的故事情境。影視作品則通過故事情節和視聽技術，創造出「不應該被看見的現實」，致力於人的心靈與身體的「剝離」，通過打開人的精神世界而「淹沒」身體的存在感。

　　這樣的感覺，會出現於元宇宙中的每個故事中。

好棒！這就是我在元宇宙中的分身，跟我心中的自己一模一樣！

虛擬分身

　　元宇宙的第二大特徵是虛擬身份，或者叫虛擬分身。分身一詞源自梵文 Avatar，電影《阿凡達》的英文原名即 Avatar，因此，分身就是阿凡達們。

　　具有普遍性的同步和擬真的分身，要實現觀音菩薩給孫悟空的三根救命毫毛的功能：拔出一根毫毛就能夠變出分身，分身跟唐僧在一起，但是他的本身已經鑽到鐵扇公主的肚子裏去了。我們每一個人在未來的元宇宙裏邊都有一個或者若干個分身，可能是一個教授，一個博士，但也有可能是一個元帥、國王，當然也不排除是阿貓阿狗。

　　虛擬身份具備多元化應用場景／商業化路徑，有三大發展趨勢：一、高保真，在視覺表現層面，從外形、表情到動作都一一還原真實人；二、智能化，運用語音識別、自然語言處理、語音合成等技術賦予虛擬人智能和情感表達；三、工具化，讓用戶都能快速生產高品質美術資產。

　　元宇宙時代，數字的具身化與身體的數字化已成為共識。學者把那種握着手機打遊戲、跟人遠程網絡視頻、穿戴 VR 頭盔的身體稱為「技術身體」。在元宇宙中，一個從形貌到靈魂俱已上線的主體也已不再是一個身份，而可以說是半個具身，缺失的那一半被媒介填滿，更被技術所強化，被交往關係所「創建」和「發明」。

除了一些不能抵達的生理部分之外，虛擬分身可以說是半個典範具身。

元宇宙中，身份型虛擬人可分為虛擬分身和虛擬 IP 兩種。

相對於真人 IP，虛擬 IP 解決了品牌方對特定 IP 長期穩定持有的問題，而且人設穩定，可高頻次產出內容。

2021 年 10 月，名為「柳夜熙」的抖音賬號發佈了第一條視頻內容，掀起了一陣「誰是柳夜熙」的討論熱潮，隨後發佈的 2 條視頻為其帶來了近 800 萬的粉絲關注。而柳夜熙正是虛擬 IP 產品。

湖南衛視在 2022 年 1 月 1 日首播的《你好，星期六》節目中啟用了虛擬主持人小漾，成為國內首個常駐且人格化培養的虛擬 IP 主持人。

和虛擬偶像領域最早為人熟知的初音未來和洛天依一樣，中國聯通的安未希的人設是能歌善舞，多才多藝，可以通過文本驅動實現各種新聞播報、致辭、演講、朗誦等活動及智能交互……

現在走在連接現實與元宇宙「香榭麗舍大道」上的，是無數虛擬分身、虛擬 IP……

虛擬 IP 解決了品牌方對特定 IP 長期穩定持有的問題。

NPC
虛擬人

　　無論是虛擬分身還是虛擬 IP，身份型虛擬人重在社交與表演。另外還有一種沒有身份的虛擬人——各式各樣的 NPC 虛擬人。

　　NPC 虛擬人是具有一定社會服務功能的虛擬人。它區別於身份型虛擬人的一大核心，在於其可利用深度學習模型，驅動呈現自然逼真的語音表達、面部表情和動作，還可通過預設的問答庫、知識圖譜，實現與現實世界的交互，原本需要真人的標準化工作，都可以用 NPC 虛擬人代勞。

　　目前 NPC 虛擬人已成功應用至傳媒、金融、電商、汽車、智能家居等行業。銀行業務大部分是自動化、標準化的，佔用了大量人力，推出 NPC 虛擬員工，能降低成本和提高效率，同時採用更加時尚前沿的虛擬人，也可以吸引更多的年輕客戶的關注。智能座艙作為汽車智能終端的核心硬件之一，讓用戶可以藉助 APP 創建虛擬人物，並可以手動調整臉型、膚色、髮型、裝扮和其他變量，從而打造元宇宙中獨屬於自己的數字 NPC 客服。

　　從外形、聲音，內在的邏輯與交互方式，NPC 虛擬人正在朝「全特徵類人化」發展，在學習、工作、生活、服務等領域中擔任客服、新聞導播、天氣預報、景點導遊、

從外形、聲音，內在的邏輯與交互方式，NPC 虛擬人正在朝「全特徵類人化」發展。

知識解說、教學老師等等，與人類形成了共生關係。

　　根據《虛擬數字人深度產業報告》，預計到 2030 年中國虛擬人整體市場規模將達到 2700 億元。其中身份型虛擬人將在未來發展中佔據主導地位，達到約 1750 億元，NPC 虛擬數字人總規模也將超過 950 億元。

去中心化

在電影《頭號玩家》中,雖然主角開宗明義就說「綠洲是屬於所有玩家的。」但綠洲顯然是一個中心化的場域,元宇宙則不同,應該是一個開放的、可互操作的生態系統,而不是由任何公司主導的。

在傳統的遊戲世界裏,遊戲開發商負責制定規則與維護,玩家花大把時間培育角色,如果開發者決定關閉遊戲,玩家也只能無奈地接受。分佈式自治組織 DAO的出現則可以把虛擬世界的所有權還給用戶。以太坊(Ethereum)就是一例,這個去中心化平台區塊鏈技術排除人為因素,將規則寫入智能合約(smart contract),交由程序代碼忠實執行。這是元宇宙的第四大特徵。

「元宇宙概念股」Roblox 和 Epic Games 也認為元宇宙必須擁有去中心化的基礎,避免被少數人所壟斷。Roblox 的聯合創始人 Neil Rimer 提出:「元宇宙的權利應該屬於用戶,而不是公司。」Epic 首席執行官 Tim Sweeney 強調:「元宇宙並非屬於任何行業巨頭,他是數百萬人共同創造的結晶。每個用戶都通過內容創作、編程和遊戲設計為元宇宙創造自己的價值。」

元宇宙一定是去中心化的,用戶的虛擬資產必須能跨越各個子元宇宙進行流轉和交易,才能形成龐大的經濟體

DAO 的出現，就是要把虛擬世界的所有權還給使用者。

系。通過 NFT、DAO、智能合約、DeFi 等區塊鏈技術和應用，將激發創作者經濟時代，催生海量內容創新，同時有效打造元宇宙去中心化的清結算平台和價值傳遞機制，保障價值歸屬與流轉，實現元宇宙運行的穩定、高效、透明和確定性。

DAO 的決策過程示意圖

虛擬
經濟

元宇宙第三個特徵就是虛擬經濟。

區塊鏈是支撐元宇宙經濟體系最重要的基礎，NFT 具有不可互換性、獨特性、不可分性、低兼容性以及物品屬性，並且產品流通渠道單一，市場透明度、價格發現能力均有較高提升空間。特別是去中心化的 DeFi，能夠讓買賣交易、抵押借貸、保險等功能透過智能合約運作，去除掉銀行等中間角色，節省大量的交易成本，說不定還有機會轉換成給客戶更優惠的利率或利息。

對於現宇宙的資本來說，元宇宙打開了一個全新的商業世界，傳統領域包括金融、體育、廣告、娛樂、會展、教育等將迎來革命性的變化。據彭博行業研究所出的報告，預計「元宇宙」相關產業將在 2024 年達到 8000 億美元市場規模；摩根士丹利也發佈報告聲稱，元宇宙將成為一個八萬億美元的龐大市場。普華永道也預計，元宇宙市場規模在 2030 年將達到 1.5 萬億美元。

根據創業公司數據庫 Crunchbase 數據，2021 年截至 12 月為止，與元宇宙相關的公司已在 612 筆交易中籌集到近 104 億美元的資金，這也是過去十年中，元宇宙類別企業籌集到資金最多的一年。

而在中國，2021 年以來公司及自然人註冊「元宇宙」

元宇宙將成為一個八萬億美元的龐大市場，很可能成為下一代社交媒體、流媒體和遊戲平台。

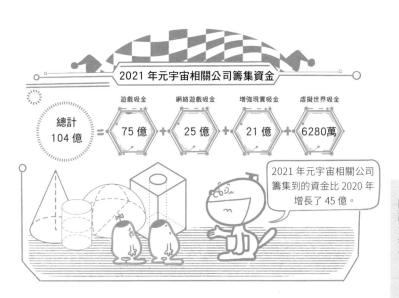

2021 年元宇宙相關公司籌集資金

總計
104 億

= 遊戲吸金 75 億 + 網絡遊戲吸金 25 億 + 增強現實吸金 21 億 + 虛擬世界吸金 6280 萬

2021 年元宇宙相關公司籌集到的資金比 2020 年增長了 45 億。

商標的申請信息已經超過 240 條，其中不乏騰訊、愛奇藝、快手、字節跳動這樣的互聯網頭部公司。在 Roblox 上市之前，騰訊就已經在 2020 年 2 月的 G 輪融資中進行參投，獨家代理了 Roblox 中國區的相關產品發行，並註冊了「王者元宇宙」和「天美元宇宙」商標。

虛擬
治理

　　元宇宙由人組成,但人性有善有惡這一點是不會變的。要防止人的惡,發揚人的善,在元宇宙裏邊也要有虛擬社會的治理。但元宇宙是去中心化的,沒有一個主宰者,它不屬於任何一家公司,也不屬於少數幾家公司,而是屬於全體用戶。它跟公有區塊鏈的組織模型相似,不可能有一個中心化的機構去控制它,也不可能由某一家公司來構建它。

　　類似於以太坊這樣的一個無主網絡,一個自主自治理、基於數字貨幣、數字資產的價值網絡,才是元宇宙的一個組織模型。這個網絡中,數據隨時隨地需要進行交互,沒有邊界,每個數據都能作為交互的中心,每個參與者的數據與資產全都展示其中,如果出現了數據泄露或者黑客入侵等事件,對於元宇宙或者參與者的威脅都是巨大的。

　　目前,包括 Decentraland 在內的一部分元宇宙平台,正是作為分佈式自治組織(DAO)來基於區塊鏈運行,可以不需要存在現實中的「政府」來管理公共事務。人與人之間藉助區塊鏈技術的不可篡改、全程可追溯等特性,即可構建技術信任,減少對中心化組織所提供的機構信任的依賴,進而以一種全新方式去維護開放、平等的人際關

一個去中心化大規模協作網絡，是元宇宙的一個組織模型。

係和社區自治秩序，同時利用通證、NFT 等經濟權利來建立賞罰措施，以解決元宇宙中存在，但現宇宙的監管和治理規則無法覆蓋的各種治理和監管問題。

元 宇 宙

從何而來？

遊戲空間是人們基於對現實的模擬、延伸、想像而構建的虛擬世界，沉浸式的、可交互的、用戶可編輯的、永久在線的、實時的遊戲體驗，基於區塊鏈技術並以去中心化、高度智能和高度交互性為特徵而形成支援用戶資產與數據經濟的下一代互聯網，都為元宇宙創造了肥沃的土壤。

1　從遊戲中來

　　遊戲空間是人們基於對現實的模擬、延伸、想像而構建的虛擬世界，元宇宙很多理念最初都來源於遊戲。

　　1979 年誕生了文字網遊 MUDs（多人歷險遊戲），將多用戶聯繫在一起，1986 年第一個 2D 圖形界面的多人遊戲《Habitat》首次使用了分身，也是第一個投入市場的大型多人在線角色扮演遊戲。1994 年 UGC 模式在遊戲中出現。1995 年，《Active Worlds》遊戲上線，以創造一個元宇宙為目標，提供了基本的工具來改造虛擬環境。

　　發佈於 2003 年的《第二人生》，是第一個現象級的虛擬世界，人們可以在其中社交、購物、建造、經商。在 Twitter 誕生前，BBC、路透社、CNN 等將《第二人生》作為發佈平台，IBM 曾在遊戲中購買土地建立自己的銷售中心，瑞典等國家在遊戲中建立了自己的大使館。

　　在元宇宙概念爆發之前，電子遊戲經歷了從文字界面到 2D 圖形界面，又從 2D 圖形界面到 3D 圖形界面的演變，並且在遊戲中增加交互與用戶產出內容（UGC）的屬性。遊戲創作者通過增加遊戲的緯度、交互程度以滿足用戶對於體驗的更高需求。在遊戲世界裏，遊戲的主角們在我們手下成長，根據玩家的喜好展現他們個性的一面，同時演繹着精彩的故事。世界背景的設定，從如同日常生活

玩家對於遊戲體驗的不斷追求，造就了技術的不斷進步。

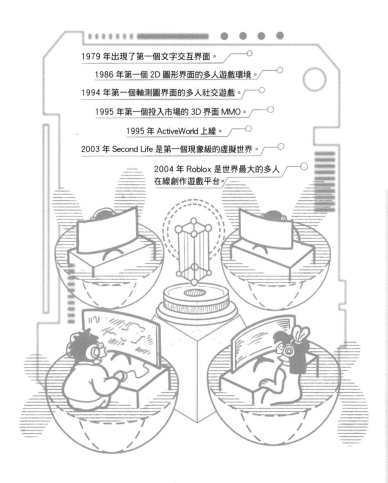

1979 年出現了第一個文字交互界面。

1986 年第一個 2D 圖形界面的多人遊戲環境。

1994 年第一個軸測圖界面的多人社交遊戲。

1995 年第一個投入市場的 3D 界面 MMO。

1995 年 ActiveWorld 上線。

2003 年 Second Life 是第一個現象級的虛擬世界。

2004 年 Roblox 是世界最大的多人在線創作遊戲平台。

那麼平凡而真實，到虛幻而無所不包，甚至具備獨立的邏輯結構，獨一無二的生態和歷史。

　　玩家對於遊戲體驗的不斷追求，造就了遊戲技術的不斷進步。當 3D 圖形遊戲成為遊戲的標配的時候，人們又會追求更高的遊戲體驗，那就是沉浸式的、可交互的、用戶可編輯的、永久在線的、實時的遊戲體驗，這就為提出元宇宙的概念創造了肥沃的土壤。

　　值得思考的是，從遊戲切入元宇宙雖然是很自然的選擇，但它對於人類是不是一個最理想的起點？這種切入會不會成為拖累元宇宙整體發展的阿喀琉斯之踵？

過去 20 多年，互聯網已經深刻改變人類的日常生活和經濟結構。1969 年基於已有的阿帕網（ARPA）協定的互聯網誕生於美國軍方，隨後，Web1.0、Web2.0 和 Web3.0 概括了互聯網的主要發展階段。

從最初的四個站點互聯，到所有 PC 的互聯，再到所有的手機互聯；從 1980 年代中期的在線社區，到 1990 年代

	Web 1.0	Web 2.0	Web 3.0
互動方式 （Interaction）	閱讀	讀寫	讀寫與擁有
媒介（Medium）	靜態文本	互動內容	虛擬經濟
組織形式 （Organization）	公司	平台	網絡
基礎設施 （Infrastructure）	個人電腦	雲端與移動設備	區塊鏈雲
控制方式 （Control）	去中心化	中心化	去中心化

聊天室、即時通訊的興起，到 2000 年代初數百萬人在魔獸世界遊戲中社交，再到未來萬事萬物的互聯，就是一個連接越來越普遍的過程；從只能發發郵件，到看看文字圖片，再到音視頻和直播，再到馬化騰提出的全真互聯網，是一個人越來越全方面沉浸其中的過程。

如果說人們坐在電腦前瀏覽網頁的互聯網體驗是二維的，那麼人們通過使用穿戴式裝置「行走」於元宇宙中，就是三維的。無論是 Roblox UGC3D 虛擬世界的新內容的呈現方式，《Fortnite》舉辦的線上演唱會，還是《動物森友會》和《Horizon》帶來的虛擬社交，都是底層科技和核心技術的迭代衍生出來的「新內容」，虛擬與現實碰撞，我們正在進一步沉浸和互動。

綜上，雖然元宇宙依舊是一個霧裏看花的東西，但是從邏輯上它必定會包含 Web3.0 的發展，就好像 1980 年代的移動電話變成現在的智能手機一樣。

互聯網的功用中心徹底由信息變成了人，這標誌着互聯網「世界化」形態的完全形成。

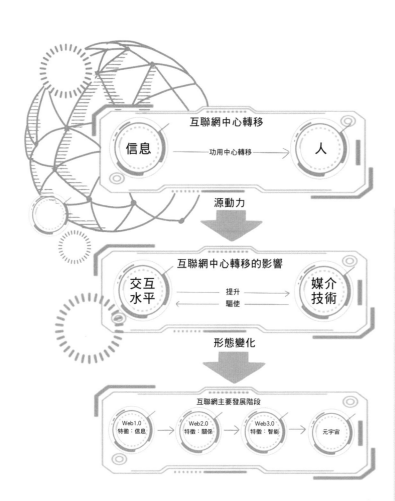

互聯網中心轉移

信息　————功用中心轉移————→　人

源動力

互聯網中心轉移的影響

交互水平　————提升————→　媒介技術
　　　　　←———驅使————

形態變化

互聯網主要發展階段

Web1.0 特徵：信息　→　Web2.0 特徵：關係　→　Web3.0 特徵：智能　→　元宇宙

從技術奇點來

　　基於庫茲茲韋爾「奇點理論」，人類社會將會迎來一個歷史性時刻，即 AI 超越人類的時刻。屆時，純粹的人類文明將會終結，人機物混合的智能體可能成為社會的主要物種。

　　從技術的角度，元宇宙不是某個單項領域的技術，而將是對現有前沿技術的一種整合和集成。廣義被認同的元宇宙中，所謂的六大支撐技術，即區塊鏈技術、交互技術、電子遊戲技術、人工智能技術、網絡及運算技術以及物聯網技術都有了一定的積累，就要有一個新的業態出來，能夠把這些研發的技術成果用起來，而且又有廣闊的市場。我們現在處於一個全新的技術奇點時代，元宇宙是各項核心技術的發展到了一個奇點的必然產物。

　　為什麼人類一下子就開啟了一個智能手機的時代？是因為恰好在那個年代，眾多的技術恰好達到一個奇點。芯片的技術日益成熟，可以將手機做得很小；3G 網絡開始成熟並開始商業化。最重要的就是觸摸屏的技術已經成熟，觸摸已經非常靈敏了，已經完全可商用了。在 2007 年，喬布斯把握了這個技術奇點的到來，設計出了一款天才的產品，宣告了智能手機時代到來。

我們現在處於一個全新的技術奇點時代，恰好元宇宙滿足所有的要求。

芯片的技術

3G 網絡

觸摸屏技術

應用軟件技術

我剛買了一部蘋果手機，聽說智能手機時代是由蘋果手機開啟的。

是的，在那個年代眾多技術恰好達到一個奇點，喬布斯把握了這個技術奇點的到來。

從體驗需求來

　　元宇宙出現，標誌着物質生活的價值與意義，將會被數字生活、虛擬生活所超越。物質生活將主要發揮一種生物性、物理學支撐，精神世界才會是人的主要追求。元宇宙提供勞動機會，使得個體能夠在多種空間提升生命價值。

　　元宇宙歸根到底是人類的內在感知力量的釋放，天然地服從人們對享樂沉浸的追求，它不是通過與他人一致而獲得存在價值的，反而是由絕對不可複製的獨特性構成意義核心。它之所以讓我們沉浸其中，不是因為可以讓我們日復一日地重複單一型快樂，而是因為可以使我們走向完全不接受現實規劃的多樣性體驗。在這樣的時刻，創造性的體驗想像將成為元宇宙敘事的第一生產力。

　　事實上，元宇宙和互聯網一樣，都是現代技術對快感體驗的實體化訴求進行回應的結果。當年的 2G 網絡基本上只能發手機短信。3G 網絡基本上就是看手機彩信或者簡單的圖片，4G 網絡就實現了在線看視頻的要求。我們現在的 5G 網絡，未來肯定能看具有 3D 效果的視頻甚至全息視頻。

　　舉一個例子，你在香港，而女友在漠河，而你肯定不僅僅滿足於看 3D 效果的視頻，還想有觸覺和嗅覺的體驗感，比如想體驗摸她臉的感覺，聞到她身上散發出的清香。除此之外，你還想要每天晚上吻一下她，那麼怎麼實

創造性的體驗想像將成為元宇宙敘事的
第一生產力。

現呢？這些感覺，你希望和在現實生活中是一模一樣的。
在元宇宙裏邊的下一個技術熱點就是實現虛擬世界的嗅
覺、觸覺仿真，很多公司已經在研究，也許在不久的未來
就可以實現遠程觸摸和親吻。

圖說元宇宙

元宇宙從何而來？

CHAPTER 5

CHAPTER 6

元宇宙
有理論支持嗎？

元宇宙的本質是人創造的一個虛擬世界，它既突破了虛擬和現實之間的壁壘，也改變着人們的生活方式和自我認知。人類對虛擬世界進行的一系列的哲學探索，為元宇宙的發展提供了理論基礎，其中包括柏拉圖的「洞穴寓言」、笛卡爾的「惡魔假說」、卡爾·波普爾的「三個世界」理論以及赫伊津哈等人的遊戲理論。

洞穴
寓言（1）

元宇宙的構建基礎需要從理論、技術和人文三個方面出發，不斷探索，對元宇宙進行構建，並使之順利運行。

元宇宙的本質是人創造的一個虛擬世界。目前元宇宙雛形的出現，人們藉助智能設備在虛擬世界遨遊的時候，既突破了虛擬和現實之間的壁壘，也改變着人們的生活方式和自我認知。我們選取一些對元宇宙的出現和發展有促進意義的理論，作為其參照和理論支撐加以介紹。

首先介紹柏拉圖在《理想國》中設計的一個洞穴寓言。大意是這樣的：

有一批人猶如囚徒，世代居住在一個洞穴之中。洞穴有條長長的通道通向外面，但人們的脖子和腳被鎖住不能環顧，只能面向洞壁。他們身後有一堆火在燃燒，火和囚徒之間有一些人拿着器物走動，火光將器物變動不居的影像投在囚徒前面的洞壁上。囚徒不能回頭，不知道影像形成的原因，以為這些影子是「實在」，用不同的名字稱呼它們並習慣了這種生活。

當某一囚徒偶然掙脫枷鎖回頭看火時，發現以前所見是影像而非實物；當他繼續努力，走出洞口時，眼睛受陽光刺激，什麼也看不見，只是一片虛無。他不得不回到洞內，但也追悔莫及，他恨自己看清了一切，因為這給他帶

元宇宙雛形既突破了虛擬和現實之間的壁壘，也改變着人們的生活方式和自我認知。

對洞穴寓言的一種理解

來了更多的痛苦。

柏拉圖繼續說，因為這些囚犯從小到大，所能看見的只是前面洞壁上的影子，他們看不到牆後面真實的世界，只能聽到傳來的聲音，但是他們會以為聲音是那些影子發出來的。他們會以為所看到的影子，就是真實的世界。

柏拉圖認為，人類的命運就和那一排被鎖鏈鎖着的囚犯類似的。我們以為我們眼睛看到的就是世界的真相。但實際上，也僅僅是一個幻象，就像那洞穴牆壁上投下的影子一樣。

洞穴
寓言（2）

　　柏拉圖繼續假設，如果有人偶然掙脫鎖鏈，跑到牆後面去了，看到了火。但是因為他從小到大一直呆在黑暗的角落，僅僅能看到暗淡的影子，眼睛並不會適應強烈明亮的火光。這時候就算告訴他，他以前看到的僅僅是這個真實世界的物體所投下的影子，他也是不會相信的。於是這人會因為恐懼而回到牆後面去，回到那個他習慣了的世界裏去。

柏拉圖繼續假設，如果把一個囚犯強制地拖出洞穴，到外面去看到真實的世界，太陽，山脈，河流，樹木等等。一開始囚犯會因為不適應真實世界的明亮，不適應太陽光線，眼睛暫時失明，而且會因此而憤怒。但是當他慢慢適應了這個世界，他就會知道，這個世界是比洞穴中那個世界更為優越高級。於是他就會同情那些之前和他一起被關在洞穴中的那些人，他想去把他們都帶出來。但是當他再次返回洞穴中，他因為已經適應了外面明亮的世界，回到洞穴中反而由於光線太暗而不適應。結果就算他把真相告訴他的同伴，他們也不會相信他。

　　柏拉圖通過這個寓言生動地展示了他對於我們人類處境的思考：我們見到和感覺到的世界，可能並不真實。所有這些表像之後，都隱藏着真實的原型。柏拉圖稱之為「形」。而要認識到這種「形」，也就是真實的世界，只有依靠理性的推理。

圖說元宇宙

惡魔假說

「理性主義」哲學家勒內・笛卡爾，在自己的作品《第一哲學沉思錄》中，講述了這樣一個大膽的假說，他認為可能世界上存在這樣一個「惡魔」，不僅在感官上欺騙人，還讓人在做最簡單的判斷時犯錯：「我腦中根深蒂固的想法是有一個無所不能的上帝，他將我創造成這樣。我怎麼知道他沒有做過別的的事，或許其實並沒有天，沒有地，沒有延伸出來的萬物，沒有形狀，沒有大小，沒有地點，而同時他又確保讓我認為這些事物都是存在的，就像現在這樣？……因此，我會假設，並不是至高無上，並且作為真理的來源的上帝，而是一些擁有極端強大力量、惡毒而狡猾的魔鬼使用了他們所有的能量來欺騙我。我應該認為天空、空氣、土地、顏色、形狀、聲音，和所有表面事物都只是他為了給我的判斷下圈套而設計的夢中的錯覺。」

笛卡爾在夢的論證的基礎上總結出一個觀點：感官體驗是一種不可信賴的確證機制。因此他對基於感官證據上形成的所有信念都表示懷疑。

儘管所謂的「惡魔」假說看起來無厘頭，但你如何能夠向自己證明自己不是處於笛卡爾所形容的境況中呢？似乎任何你所知道的一切都可能只是那個惡魔的一個圈套而已。

是不是一些擁有極端強大力量、惡毒而
狡猾的魔鬼使用了他們所有的能量來欺
騙我？

早在 1972 年，卡爾·波普爾在他的《客觀知識》一書中，已經系統提出了「三個世界」劃分理論：

世界 1，又稱第一世界，是物理世界，是由客觀世界的一切物質及其各種現象構成。世界 2，又稱第二世界，是人精神的或心理的世界，包括意識狀態，心理素質、主觀經驗，即主觀世界。世界 3，又稱第三世界或人工世界，即思想內容的世界，實際上是人類精神產物的世界，包括一切可見諸於客觀物質的精神內容，或體現人的意識的人造產品和文化產品，如語言、文學藝術，科研過程中的問題、猜測、反駁、理論、證據，以及技術裝備、圖書等。

三個世界是統一、連貫的，波普爾把心理世界、物理世界並列，相信世界的發展是處於三個亞世界的相互作用之中的，而心理世界處於中介位置上，同時特別強調人工世界的客觀實在性與獨立自主性。

首先，人工世界不同於心理世界，後者指的是心理和思想的狀態和過程；而前者則是思想內容。雖沒有客觀的意識、精神，但確有客觀的知識。其次，人工世界也不同於物理世界。前者有物質載體並物化於後者之中。如語言被物化在聲波和書寫符號之中；理論和文學被物化在筆墨

世界的發展是處於三個亞世界的相互作用之中的,而心理世界處於中介位置上。

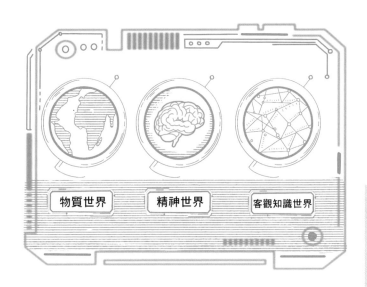

物質世界　　精神世界　　客觀知識世界

紙張中。若沒有人的知識充當價值和靈魂,這些材料只能是一堆無用的廢料。

　　元宇宙是人類心理世界的反映,同時又是一個不同於物理世界的新的客觀存在,屬於人工世界的範疇。元宇宙與物理世界需要通過心理世界作為橋梁才能互相作用。三個世界理論,把人的思想活動成果納入統一的三元本體論體系來考察,給元宇宙的理論發展提供了支持。

人是
遊戲者（1）

　　自康德在 18 世紀末開始思考關於遊戲的理論問題以來，思想界關於遊戲理論的探索一直延綿不斷，包括席勒、斯賓塞、朗格、谷魯斯、弗洛伊德、伽達默爾等在內，都提出了自己的理論。比如康德提出自由論，將遊戲看作是與被迫勞動相對立的自由活動；弗洛伊德認為遊戲是人藉助想像來滿足自身願望的虛擬活動，其對立面不是謀求外物的勞動，而是人謀求並利用外物以滿足自身願望的整個現實活動。

　　而對遊戲進行多層次全面研究的，則以荷蘭語言學家和歷史學家約翰・赫伊津哈（Johan Huizinga）為最突出。他的《人：遊戲者》一書是第一部從文化學、文化史學視角切入闡述遊戲的定義、性質、觀念、意義、功能及其與諸多社會文化現象的關係的著作。

　　赫伊津哈一反西方在人和人性理解上的理性主義傳統，張揚和強調人的遊戲本質和遊戲因素對於文明的極端重要性，得出了「人是遊戲者」「文明是在遊戲中並作為遊戲而產生和發展起來的」這兩個結論。

　　他明確指出：「文明是在遊戲之中成長的，在遊戲之中展開的，文明就是遊戲。」「在文化的演變過程中，前進也好，倒退也好，遊戲要素漸漸退居幕後，其絕大部分融入

文明是在遊戲中並作為遊戲而產生和發展起來的。

宗教領域，餘下結晶為學識（民間傳說、詩歌、哲學）或是形形色色的社會生活。但哪怕文明再發達，遊戲也會『本能』地全力重新強化自己，讓個人和大眾在聲勢浩大的遊戲中如癡如醉。」

人是
遊戲者（2）

　　赫伊津哈把遊戲作為「生活的一個最根本的範疇」，並歸納出遊戲的三個特徵：

　　一、遊戲是自由的，是真正自主的。兒童和動物喜歡遊戲，如果要說是本能驅使，就犯了竊取論點（petitio principii）的謬誤。

　　二、遊戲不是「平常」或「真實」生活。孩子們都心知肚明，「只是在假裝」或「只是好玩而已」，但這並不會使遊戲變得比「嚴肅」低級。遊戲還可以昇華至美和崇高的高度。

　　三、遊戲受封閉和限制，需要在特定的時空範圍內「做完」（played out）。「競技場、牌桌、魔環、廟宇、舞台、銀幕、網球場和法庭等在形式和功能上都是遊戲場所，即隔開、圍住奉若神明的禁地，並且特殊規則通行其間。它們都是平行世界裏的臨時世界，用於進行和外界隔絕的活動。」

　　而第三點中所提出的平行世界，則直接為元宇宙概念的形成提供了基礎。人類是舊的果實和新宇宙遊戲的種子，人類的發展，從本質上講就是作為舊宇宙果實的成熟過程，和作為新宇宙種子的萌發過程，這決定了人類的發展方向就是全面而又透徹地認識舊宇宙，和積極而又成功

遊戲場所……是平行世界裏的臨時世界，用於進行和外界隔絕的活動。

地開拓新宇宙。當人類作為舊宇宙的果實而成熟之後，它將從舊宇宙中消亡，將在新的本宇宙中作為運行機制或開拓要素而存在。

無限遊戲

「無限遊戲」這一概念，源自紐約大學教授詹姆斯·卡斯 1987 年出版的《有限與無限遊戲》（Finite and Infinite Games）。在他看來，整個人類文明都是遊戲且分為兩種，一種是有限遊戲，一種是無限遊戲。

有限遊戲是在邊界內所玩的勝負競技，有一個確定的開始和結束，比如考試、升職，競選。而無限遊戲是一種生存模式，目的是將更多的人或者回合帶入到遊戲中來，從而延續遊戲，比如愛情、家庭、企業、國家。有限遊戲會外化為戰爭、專制、封閉、犯罪等結果，是一種零和博弈的思維。而無限遊戲沒有零和式的贏家，通往合作、共贏、寬容與民主。

有學者指出，人們所理解的元宇宙就是一個所有參與者「共建、共創、共治、共享」的無限遊戲。

科幻作家長鋏表示，無限遊戲有兩個基本特徵，一個是自我進化，一個是去中心化。前者需要依靠 AI 技術來幫助實現，元宇宙中的世界觀、規則、內容都要能夠自我進化。目前，即便是元宇宙第一股 Roblox，也無法實現自我進化。關於去中心化，即你可以用一個身份登錄任何一個遊戲，所有遊戲中的資產可以任意通用。無限性需要依靠區塊鏈技術來注入，比如不可停機、規則不可篡改、數據歸屬於用戶本身等等。

元宇宙就是一個所有參與者「共建、共創、共治、共享」的無限遊戲。

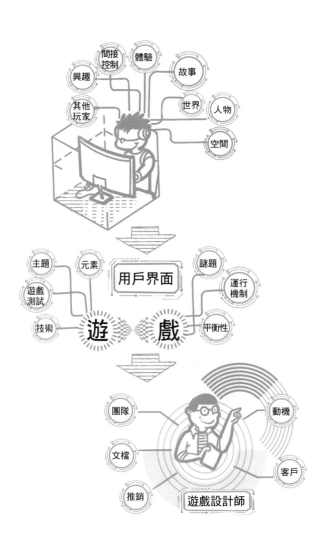

遊戲
改變世界（1）

　　遊戲，前所未有地佔據和改變了我們的生活。世界所有玩家花在《魔獸世界》上的總時間超過 593 萬年，恰好相當於從人類祖先第一次直立行走演進至今的時長。

　　2012 年出版的《遊戲改變世界》一書中提到，將來遊戲會延伸到生活裏的每個角落，會成為真實生活的一部分。人們對遊戲的狂熱可以轉化為改變世界的動力。作者還提到一種所謂的「平行實境遊戲」，即不是為了逃避現實而是為了從現實中得到更多的遊戲，它能輕鬆地產生我們渴望的內在獎勵，使我們更全情投入現實生活。

　　書的作者是簡·麥戈尼格爾（Jane Mc Gonigal）是美國著名未來學家、未來趨勢智庫「未來學會」遊戲研發總監。他認為，通過遊戲，我們能幫助他人改善生活，甚至解決能源危機等世界性問題。遊戲是改變世界的一種有效方法，能提供現實世界中匱乏的獎勵、挑戰和宏大勝利，還可以彌補現實世界的不足和缺陷，讓現實變得更美好。

　　他在書的引言中說：下一代或下兩代，會有數量更多的人，甚至會有好幾億人沉浸在虛擬世界和在線遊戲裏。一旦我們玩起遊戲，外面「現實」裏的事情就不再發生了，至少不再以現在這樣的方式發生了。數以百萬工時的人力從社會中抽離出去，必然會發生點什麼超級大事件。

通過遊戲，我們能幫助他人改善生活，
甚至解決能源危機等世界性問題。

《History of Biology》是一款針對高中生和生物愛好者製作的電子
遊戲，用尋寶式的玩法向玩家傳授關於生物的歷史，涉及的內容包
括顯微鏡、動植物的分類學、遺傳學還有進化學等等，寓教於樂由
淺入深

　　作者認為，遊戲化是互聯時代的重要趨勢，可以實現
四大目標：更滿意的工作、更有把握的成功、更強的社會
聯繫及更宏大的意義。如果人們繼續忽視遊戲，就會錯失
良機，失去未來。而如果藉助遊戲的力量，便可以讓生活
變得像遊戲一樣精彩！這些設想顯然更為重視元宇宙對於
現實社會的意義。

遊戲
改變世界（2）

在很多家長眼裏，玩遊戲基本就是和玩物喪志掛在一起。不然，何以會有如此多的家長將孩子送到某些行為校正機構去電擊呢？但是，有些遊戲已經被證明可以發揮改變世界的正面作用，比如以下三個遊戲。

《Planet Hunters》遊戲是「宇宙動物園」計劃的一部分，讓玩家尋找宇宙中的行星，方法是通過恆星光度的數據變化得出可能，目前已經取得了一定的成績。

《EyeWire》遊戲匯集網友的力量來繪製大腦細胞的神經元網絡圖。遊戲只需要玩家按照指定要求幫忙填補空白，最終通過收集的足夠數據進行演算繪製結果。

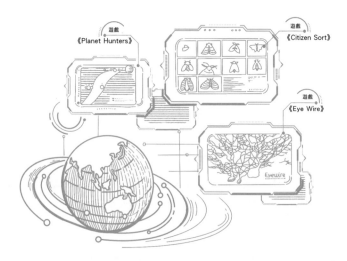

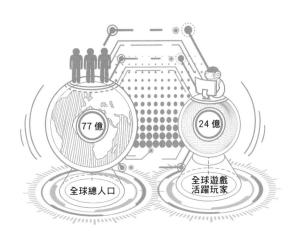

77 億

24 億

全球總人口

全球遊戲
活躍玩家

《Citizen Sort》遊戲在線提供大量的生物圖片，讓玩家進行對比，排除，篩選，通過大量反饋對生物外觀特徵進行更準確的分類識別，更好區別種與種之間的差異。

除此之外，遊戲對人的積極改變還包括與人合作方面。合作是遊戲玩家極為擅長的一件事。在遊戲中和夥伴相互配合，有針對性地朝着一個共同的目標行動；協調行動，同步努力，資源共享，共同創造出新穎的結果。這些都能訓練合作雷達即所謂第六感。

同時，遊戲還可以訓練人的應急處置能力，適應複雜而混沌的系統，並實現自己的目標，因為玩家不在乎雜亂和不確定性。

平行智能社會

　　王飛躍博士是中科院自動化研究所複雜系統管理與控制國家重點實驗室主任，他在 2015 年提出了自己的「平行智能社會理論」。他以「三個世界」理論為基礎，指出算法只能在波普爾所說的人工世界開放。農業社會開發了物理世界的地表資源，工業社會通過文藝復興開發心理世界，解放了思想，回過頭又開發了物理世界的地下資源。今天環境污染、精神污染之後，必須開發人工世界了。物理世界中人是行動的主體，到了心理世界，人是認知的主體；只有在人工世界，人才是真正的主宰。人類設計的算法能夠在這裏得到解放，唯一的約束就是想像。將來人的生活空間 50% 在現實的空間，50% 會在虛擬的空間，這就是化解複雜性以及智能化矛盾的方法，就是一定要使用 ACP 的平行理念：人工社會 + 計算實驗 + 平行執行。

　　不僅系統需要平行，將來的人、物、設備、工業過程、智能系統、農場、企業、組織、社區、城市、社會甚至世界，也一定要是平行的才是完整的，一對一，一對多，甚至多對一，最後將實現多對多。

　　他認為，以後所有的管理都會改變，要像控制機器人一樣管理人，像管理人一樣控制機器，這就是元宇宙的真諦。將來你一上班有三個機器人，軟件機器人懂你了，

你們合起來就變成平行員工，合起來就把小數據變成大數據，大數據變成深智能。人要跳槽、要請假、要退休、要生病，他們永遠在，我們只是餵養這些機器人的糧食而已——信息。

　　這一理論對面向現宇宙和虛實共生的元宇宙，提出了持續構建和治理的方法和技術手段，有很高的實踐指導價值。

社會
媒介（1）

　　人類社會的文明發展史伴隨着傳播媒介的不斷演進。傳播理論大師哈羅德・英尼斯認為：「一種新媒介的長處，將導致一種新文明的產生。」大眾傳播媒介，從圖文媒介、視聽媒介、網絡媒介發展到元宇宙，產生了鮮明的跨代特徵，預示着未來媒體的基本形態。

　　媒介是人體器官的延伸，從 PC 端到移動端，移動互聯網多年的普及，把線上網絡世界帶進現實。而 AR/VR 硬件設備的升級，則是把人置於虛擬世界中。中信建投研報數據顯示，2020 年全球 VR 頭戴顯示設備出貨量為 670 萬台，同比增長 72%，預計 2022 年將達到 1800 萬台。無論是從使用習慣，還是從感官體驗角度來看，虛擬與現實的邊界都在日漸模糊。

　　有學者提出「孿生媒介」和「虛構媒介」兩個概念。孿生媒介是將物理實體空間及其構件的虛擬數字孿生體作為信息承載、展現、組織及傳播的介質，基於互聯網絡為用戶提供實時在線、沉浸交互體驗。虛構媒介是基於物理空間不存在的虛構的數字體作為傳播介質，大型多人網絡角色扮演遊戲（MMORPG）是虛構媒介的典型應用。

　　對各類媒介多個維度作橫向對比，從以印刷圖書為載體的圖文媒介，到以電子信號為載體的視聽媒介、以互

聯網為載體的網絡媒介，到以孿生／虛構數字體為載體的孿生媒介／虛構媒介，人與媒介的關係，其沉浸感、參與感、交互性逐步趨於增強。

	傳播	大眾傳播
過程	大多皆是雙向的	大多皆是單向的
傳播者型態	一個人、少數人的	組織化、多數人的
受眾型態	與傳播者有共同經驗彼此利害與共	受眾意見不容易影響傳播者（通常採平均印象）
媒介運用	面對面、一般媒介	大眾媒介
受眾成分	知悉對方、熟知其人	散佈各地、互不相識
回饋反應	立即	較少回饋、有延遲性
受眾選擇曝露	受眾無法我行我素（礙於人際情面障礙）	可以隨時變更選擇

　　元宇宙是一個複雜關係的轉型過程，其邏輯立足於人的解放和社會的轉型，將進一步改變交流的性質和社會關係。形成全時在線、互聯互通、互操作的統一時空，才是元宇宙成型的基本條件；在此之前，儘管互聯網平台可做到隨時在線、網站可通過 HTML 實現全球互聯，但並未形成統一的 3D 時空及在其中的應用互操作。從內容角度看，元宇宙可分為擬真、虛構兩大類。擬真的元宇宙，其本質是孿生媒介；虛構的元宇宙，其本質是虛構媒介（或稱為遊戲媒介）。

　　媒介環境學派的代表人物馬歇爾・麥克盧漢提出「媒介即人的延伸」，將媒介技術視為「人類身體或感官在社會和心理上的外延」。在元宇宙的理想狀態下，肉身的傳播主體離場，技術深度嵌入自然人所造就的虛擬分身將成為元宇宙中主要的傳播主體，使媒介「不再是外在於人的工具或者機構，而是轉為身體本身」。這種融合不斷加強，徹底打破人與社會的二元對立，形成多維空間的「嵌套」，進而對人的行動產生影響，形成新的生活方式。隨着向精神內在的持續探求，人類藉助元宇宙的媒介力量，將逐步突破地球限制、突破自然規律限制，徹底模糊「線上線下」的概念，甚至演化為星際物種、數字物種。

作為傳播主體的虛擬人使媒介「不再是外在於人的工具或者機構，而是轉為身體本身」。

　　元宇宙媒介（孿生媒介、虛構媒介）是構建未來媒體、乃至構建平行智能社會的新基點，將逐步構建起虛實融合、沉浸交互、模擬仿真、平行執行的智能社會形態，對全球政治、生產經濟、社會關係、以及人們的日常生活都將帶來巨大影響。

脫域
理論

「脫域」原本是一個社會學概念，是英國安東尼・吉登斯在《現代性的後果》一書中首次提出的，意指「社會關係從彼此互動的地域性關聯中，從通過對不確定的時間的無限穿越而被重構的關聯中脫離出來」。

比如在以前，潑水節是傣族人在特定的時間和空間中舉行的活動，而在現代社會中，潑水節從傣族日常生活中抽離出來，可以在旅遊景點中隨時隨地舉行。這裏同時涉及了「脫域」（Disembedding）和「回歸」（Reembedding）兩者力量的博弈，民俗村景點的發展和傣族潑水節的發展是相互的，同時也是地方性與全球化和諧發展的連接點。

在當代，脫域成為社會運行的基本特徵之一，主要體現於人類社交活動對於具體物理時空的脫離，可以在「生活場景」中來去自如。比如微信朋友圈是一個生活場景，在 QQ 空間、微博上又是一個生活場景，在朋友圈記錄了我們的生活動態，在微博記載了我們的讀書心得⋯⋯我們在這裏構建媒介上的「生活場景」。吉登斯說，「這種虛擬與現實的關係讓我們毫不費力地『窺探』他人的生活狀態又能全身而退。在這樣情境下進行的交往在一定程度上不用為現實負責。」

時空脫域讓人類活動極大地擺脫了客觀世界與地理位

置的束縛。數字原生的虛擬社交方式根本性地擴展了人類活動的邊界。尤其區塊鏈技術的迅猛發展，讓數字藝術脫域物理時間與空間，開啟了加密數字內在時間流的新紀元。

這就是一種意識的脫域、一種人類文明的脫域。

缸中
之腦

在普通人的觀念中，如果大腦離開了人體，基本上就只有死亡。但是有的哲學家偏偏不信這個邪。1981 年由哲學家希拉里·普特南在著作《理性、真理和歷史》中提出：「一個人（可以假設是你自己）被邪惡科學家施行了手術，他的腦被從身體上切了下來，放進一個盛有維持腦存活營養液的缸中。腦的神經末梢連接在計算機上，這台計算機

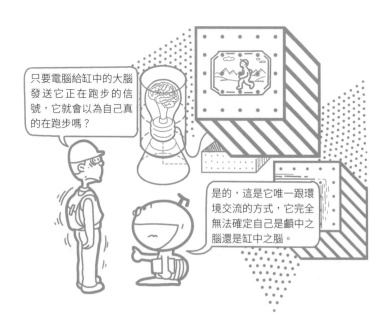

只要電腦給缸中的大腦發送它正在跑步的信號，它就會以為自己真的在跑步嗎？

是的，這是它唯一跟環境交流的方式，它完全無法確定自己是顱中之腦還是缸中之腦。

按照程序向腦傳送信息，以使他保持一切完全正常的幻覺。對於他來說，似乎人、物體、天空還都存在，自身的運動、身體感覺都可以輸入。這個腦還可以被輸入或截取記憶（截取掉大腦手術的記憶，然後輸入他可能經歷的各種環境、日常生活）。他甚至可以被輸入代碼，『感覺』到他自己正在這裏閱讀這段有趣而荒唐的文字。」

實驗的基礎是人所體驗到的一切都需要在大腦上轉化成為神經信號。因為缸中之腦和頭顱中的大腦接收一模一樣的信號，而且這是他唯一和環境交流的方式，從大腦的角度來說，它完全無法確定自己是顱中之腦還是缸中之腦，因此這世間的一切可能都是虛假的、虛妄的。那麼什麼是真實？自身存在的客觀性被質疑，在一個完全由「刺激」創造的「意識世界」中將形成一個悖論。它有許多思想原型，如莊周夢蝶、印度教的摩耶甚至笛卡爾的「惡魔」。

元宇宙需要
什麼技術實現？

元宇宙從想像中的「可能世界」外顯成為看得見摸得着的「虛擬世界」，卻只有依靠硬件和軟件兩方面技術的支持。前者為人們提供打開元宇宙大門的鑰匙，讓人們可以實實在在地感受到元宇宙，後者則規定並完善了元宇宙的運行邏輯和規則，二者互相融合影響，形成元宇宙的發展基礎。

硬件＋軟件

　　元宇宙從想像中的「可能世界」外顯成為看得見摸得着的「虛擬世界」，必須依靠硬件和軟件兩方面技術的突破。硬件技術和軟件技術構成了元宇宙的物質底層。前者為人們提供打開元宇宙大門的鑰匙，後者則規定並完善了元宇宙的運行邏輯和規則。並且二者互相融合影響，形成元宇宙的底層支撐。

　　正如互聯網是架構在 IT 相關技術基礎之上，元宇宙的崛起和發展離不開龐大技術體系的支撐，這個體系可以概括成以下六大技術支柱：

　　Blockchain，區塊鏈技術；

　　Interactive，交互和接口技術；

　　Game，電子遊戲技術；

　　Artificial Intelligence，人工智能技術；

　　Network，智能網絡技術；

　　Things Internet，物聯網技術。

　　這六大技術的首字母英文組合是 BIGANT，中文翻譯趣稱「大螞蟻」。元宇宙這隻「大螞蟻」可以說集數位技術之大成，它有六條腿，缺一不可，多點連線，就是每類技術一方面在獨立往前發展，另一方面又會驅動其他技術進一步往前取得進展和突破，最後融合於元宇宙這一生態。

「可能世界」外顯成為「虛擬世界」，只有依靠硬件和軟件兩方面技術的突破。

元宇宙的最終落地，也需要這些支撐技術的不斷完善和突破。舉例來說：2020 年出現了將大腦信號轉化為文本數據的技術，可以翻譯人腦想法，這一"讀懂意識"的交互技術突破，直接催生了 2021 年元宇宙元年的到來；而 NFT 和智能合約等區塊鏈技術的應用，正在激發和催生海量的內容創新。

硬件技術的構建，從現宇宙的角度來說，要有進出元宇宙的出入口，也就是相應的接口。從元宇宙自身角度來說，數字化和智能化的設備技術不可或缺。這就要求高端芯片製造技術、顯示硬件技術、數據存儲設備技術等不可或缺。為了實現深度交互，包括 5G（甚至是 6G）技術、雲技術、通訊設備技術等在內的通訊技術也非常必要。

除此之外，元宇宙的運行也需要強大的軟件技術。人工智能是高度智能化的軟件技術，可以時刻滿足人們日益高漲的交互需求。數字資產的發展對新型加密技術提出更高的要求，區塊鏈技術的發展在保證數字資產的安全性的同時，也能夠確保交易的安全性（智能合約）。圖形圖像技術的發展，在更好地複刻了現宇宙的同時，也讓人們產生更為深刻的沉浸體驗，促進了元宇宙中虛擬文明的發展。

綜上，元宇宙是不斷「連點成線」的軟硬件技術的總和。它們分為後端基建和底層架構兩大類，前者包括物聯網技術、交互技術和電子遊戲技術，後者包括網絡及運算技術、人工智能技術和區塊鏈技術。

元宇宙是不斷「連點成線」的軟硬件技術的總和。

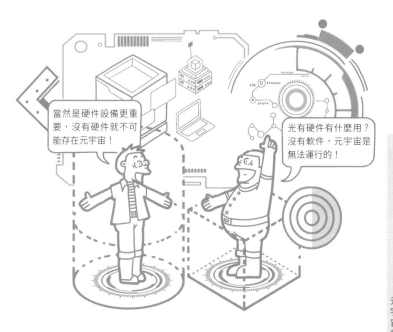

區塊鏈

區塊鏈是一種分佈式的數據存儲技術，使用密碼學方法來確保數據的安全性和一致性，其核心是由多個節點（也稱「區塊」）組成的分佈式數據庫。區塊鏈技術是元宇宙的發展核心，也將是繼 1990 年代因特網普及以來，最具顛覆性的新興技術。

區塊鏈技術具有以下幾個特點：一、去中心化：它不受任何單一節點的控制，因此不會受到任何人為干預。二、不可篡改：要想篡改它需要同時修改所有節點的記錄，而這幾乎是不可能實現的。三、安全性：由於數據是加密存儲的，即使被盜也無法被讀取。

區塊鏈技術最初是由虛擬貨幣的應用開發出來的，主要應用於記賬，不過所記的對象不僅是貨幣，也可以是房子、汽車、土地甚至是無形的知識產權、專利、品牌等。隨着區塊鏈技術的發展，它被應用於越來越多領域，例如分佈式記賬、智能合約、供應鏈金融、數字資產交易平台、數字版權保護等。

區塊鏈技術有去中心化與不可篡改的特性，可以方便地管理用戶數據，分佈式存儲的架構也可以分攤載體算力與數據存儲的壓力，與元宇宙有着天然的契合度。但區塊鏈本身的匿名性，也讓這項技術容易被犯罪分子利用。

區塊鏈技術的去中心化與不可篡改的特性，與元宇宙有着天然的契合度。

當前區塊鏈有幾種模式，一種是私有鏈，為企業或某個單位自己創建的，規模最小，承載量有限，但可控性最高。第二種是公有鏈，全世界都可以參與進來，承載量大，但會產生不可控因素。最後一種是聯盟鏈，在某個行業內部或生態內部創建，通過生態合作夥伴來擴大其承載能力，在承載量與可控性上做了一個平衡。

NFT 技術

NFT 既能解決身份認證和確權問題，又可以實現元宇宙之間的價值傳遞，更是現宇宙和元宇宙之間的橋梁，應用場景正在向各個領域不斷擴大和深化。

第一，NFT 作為非同質化通證，能夠映射虛擬物品，提供了數字所有權和可驗證性，可以對元宇宙中的每件商品進行有效的身份認證和確權，使每件商品都有獨特的價值和相應的價格，是元宇宙中的原生資產的主要載體。

NFT 既能解決身份認證和確權問題，更是現宇宙和元宇宙之間的橋梁。

　　第二，NFT 資產就可以在不同的宇宙、不同的應用場景之間實現全域證明，同時，NFT 商品自帶價值共識下的互動機制，會催生各種線上共管社羣的建構。

　　目前，NFT 除了用於收藏、投資外還沒有其他大的普及應用，普通使用者多是到交易平台 OpenSea 下載和更換頭像，有人也因此嘲笑 NFT 是花大錢買來的 JPEG。不過2022 年 1 月，推特釋出連結加密貨幣錢包的 API（應用程序接口）功能，用戶可以從加密錢包中選擇一款 NFT 當作推特頭像，還可以不斷更換。當人們在元宇宙中的「分身」從衣服、帽子、鞋子到飾品全都是獨一無二的 NFT，自然就無可取代，設計師也就能以創造 NFT 為生了。

接口和交互技術，是制約當前元宇宙沉浸感的最大瓶頸所在。交互技術分為輸出技術和輸入技術。前者包括頭戴式顯示器、觸覺、痛覺、嗅覺甚至直接神經信息傳輸等各種電信號轉換到人體感官的技術；後者包括微型攝像頭、位置傳感器、力量傳感器、速度傳感器等。

目前主流的遙控器、鍵盤鼠標、觸屏等交互外設，不會是元宇宙應用的最佳選擇，它所追求的，是綜合語音、手勢、眼動、動感 / 觸感模擬、AI 助理等各種自然交互技術，實現更加直觀、沉浸、輕鬆、自在的交互體驗。人眼的分辨率為 16K，這是沒有窗紗效應的沉浸感起點。如果想要流暢平滑真實的 120Hz 以上刷新率，即使在色深色彩範圍都相當有限的情況下，1 秒的數據量就高達 15GB。目前包括 Oculus Quest2 在內的大部分產品只支持到雙目 4K，刷新率從 90Hz 往 120Hz，還只是較粗糙的玩具級。

目前，馬斯克公開了第一代腦機接口，可以通過電腦讀取一頭豬的行為信號。如果腦機接口能連接上你的感官神經，不用睜開眼你就可以看到元宇宙的世界，你可以感受到虛擬世界中人物相互觸碰的感覺，你可以在虛擬世界中吃美味大餐，你還能看到、觸摸到對方，和她一起逛街、吃飯、看電影……再試想一下，你是否想自己重新定

當腦機接口能連接上你的感官神經，不用睜開眼你可以看到元宇宙的世界。

義一下自己的外貌呢？

下一步，甚至可以在元宇宙中結婚生孩子，試管嬰兒誕生後直接腦機接口連接元宇宙，孩子第一眼看到的就是元宇宙中的你，孩子的教育可以在元宇宙中進行，可以通過腦機接口反傳輸給大腦。這樣，你在元宇宙中有自己的家、伴侶和孩子，可以在其中買房、買車、娛樂……

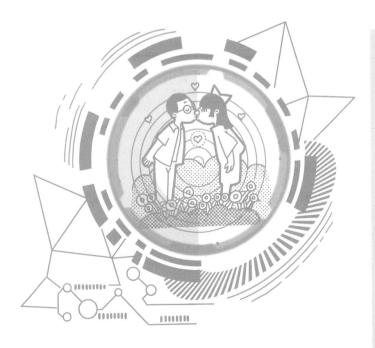

圖說元宇宙

元宇宙需要什麼技術實現？
CHAPTER 7

XR=VR+AR+MR

　　XR 包含虛擬現實（VR）、增強現實（AR）、混合現實（MR）等一系列沉浸式技術。

　　XR 即擴展現實（Extended Reality），是指通過信息技術和相應設備形成真實虛擬相結合、人機可交互的環境。XR 是隨着計算機與仿真技術的深入發展而產生的，沉浸式技術是其發展基石。XR 包含了虛擬現實（VR）、增強現實（AR）、混合現實（MR）及其他技術，可以简单理解為一個公式：XR=VR+AR+MR。

　　VR 是虛擬現實技術（Virtual Reality），利用計算設備模擬產生一個三維的虛擬世界，提供用戶關於視覺、聽覺等感官的模擬，有十足的「臨場感」。你看到的所有東西都是計算機生成的，都是假的。典型的輸出設備就是 Oculus Rift、HTC Vive 等等。

　　AR 是增強現實技術（Augmented Reality），「現實」就在這裏，但是它被疊加映射上去的虛擬信息增強了。虛擬信息包括圖片、視頻、聲音等。典型的 AR 系統是在汽車擋風玻璃上投射虛擬圖像的車載系統和智能手機系統，典型的 AR 設備是 Google 眼鏡，它允許你與周圍環境交互，通過眼鏡上的「微型投影儀」把虛擬圖像直接投射到你的視網膜，於是你看到的就是疊加過虛擬圖像的現實世界。

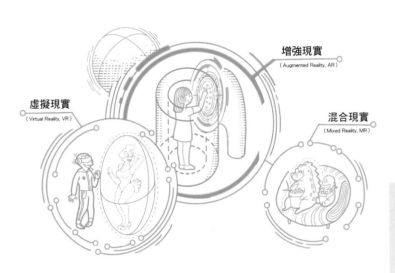

增強現實
（ Augmented Reality, AR ）

虛擬現實
（ Virtual Reality, VR ）

混合現實
（ Mixed Reality, MR ）

MR 是混合現實技術（Mixed Reality），可以將現實
世界數字化，並與虛擬世界融合產生新的可視化環境，環
境中同時包含了物理實體與虛擬信息，並且必須是「實時
的」。

Bowman 等學者認為，擴展現實技術是社會虛擬
化的重要表現，其中沉浸感（Immersion）、交互性
（Interaction）和構想性（Imagination）是擴展現實技術
的主要特徵。

電子遊戲
技術

　　構建元宇宙所必需的電子遊戲技術，主要包括遊戲引擎、3D 建模、實時渲染三個部分。

　　遊戲引擎，顧名思义就是用來製作遊戲的，從 PC 到移动端的很多大型遊戲就是在遊戲引擎中所构建的，常用的遊戲引擎是 Epic Games 和 Unity。因遊戲引擎可构建虚拟人物這一特点，圍繞虚拟人物构建的经济体系便應运而生，柳夜熙、翎 Ling、洛天依、AYAYI、华智冰等虚拟人物的火爆，使得大众得到進一步認識。舉凡虚拟人物可以使用的場景，都可以在遊戲引擎中製作出來，例如展覽、遊戲、活動等場景都能通過遊戲引擎創作而成。

　　3D 建模就是利用軟件製作三維模型。在元宇宙發展道路上，無論是場景搭建、虛擬人物角色的設計還是服裝更新、場景變化，都離不開建模。目前的建模軟件主要有 3Ds max、Maya、zbrush 等。最新的建模方式則是拍照建模，通過手機或照相機拍攝物體的多張照片，用算法將照片拼接起來，然後自動對齊照片、生成點雲、添加紋理，最終形成模型。這一方式沒有美工與儀器的門檻，更適合個人用戶操作。也許，拍照建模將能使「人人都是元宇宙的造物主」的理想夢想成真。

　　渲染是通過軟件由模型生成圖像，包括幾何、視點、

分佈式雲渲染可以說是未來元宇宙構建技術的最優解之一。

紋理、照明和陰影等的處理。這不僅需要強大的技術，更需要巨大的計算量。在電影《變形金剛 3》中，鑽探獸摧毀摩天大樓這一場景，每幀畫面渲染時長 288 小時，幾十秒鏡頭需要超過 20 萬小時的渲染，如果用一台機器不停渲染，要 23 年才能完成。元宇宙中人與人之間的交互不僅需要超高清晰度（8k+），同樣需要極低時延，以模擬最真實的體驗，只能通過分佈式雲進行複雜計算和實時渲染，分佈式雲渲染可以說是未來元宇宙構建的最優解之一。

綜合
智能網絡

　　網絡及運算技術它不僅是指傳統意義上的 5G 網絡，還包含 AI、邊緣計算、分佈式計算等在內的綜合智能網絡技術。此時的網絡已是綜合能力平台。雲化的綜合智能網絡是元宇宙最底層的基礎設施，提供高速、低延時、高算力、高 AI 的規模化接入。

　　作為一個大型在線交互平台，元宇宙需要支撐的用戶達到上億量級，其內部需要保持用戶數據的實時更新，外部需要實現現宇宙和元宇宙的切換，需要保持系統的低時延以達到兩個宇宙時間同步的目的。在現實與虛擬的高度融合下，元宇宙需要不斷優化和完善的雲計算、邊緣計算、5G/6G 網絡通訊等網絡及運算技術。邊緣計算通過將部分處理程序轉移至靠近用戶的數據收集點進行處理，實現網絡的穩定、高速、低時延。通過雲化的綜合智能網絡，元宇宙一方面能夠承載更多用戶在線，並提供給用戶低時延、流暢的使用體驗；另一方面能夠降低對於用戶終端的要求，不斷擴大用戶規模，加快元宇宙生態建設。

　　根據騰訊 CEO 馬化騰所述，目前從實時通信到音視頻等一系列技術已經準備好，計算能力快速提升，推動信息接觸、人機交互的模式發生更加豐富的變化，VR 等新技術、新的硬件和軟件在不同場景下的推動，即將迎來下一波全真互聯網的升級。

元宇宙需要強大的算力系統並降低對用戶終端的限制，需要雲計算和邊緣計算的介入。

高速

低延時

高算力

高 AI

8 人工 智能

人工智能（AI）在元宇宙中的應用主要有以下幾個方面：

（1）用戶處於元宇宙的中心，分身設計精度將決定你和其他用戶的體驗。AI 引擎可以分析 2D 用戶圖像或 3D 掃描，得出高度逼真的模擬再現，還可以繪製各種表情、髮型、衰老帶來的特徵等，使分身更具活力。

（2）NPC 虛擬人沒有身份，不是用戶的複製品，而是支持 AI 的非玩家角色，可以對用戶做出反應。從遊戲到自

如果沒有 AI，將很難創造出真實且可擴展的元宇宙體驗。

動化助手，它的應用層出不窮。它可以完全使用 AI 技術構建，對元宇宙的景觀至關重要。

（3）NPC 虛擬人使用 AI 的主要方式之一是語言處理，比如分解英語等自然語言，將其轉換為機器可讀的格式，執行分析，得出響應，將結果轉換回用戶使用的語言並發送給他，整個過程只需幾分之一秒。

（4）當向 AI 引擎輸入歷史數據時，它會從以前的輸出中學習，並嘗試提出自己的數據。隨着新的輸入、人工反饋以及機器學習的強化，AI 的輸出每次都會變得更好。最終，AI 將能夠執行任務並提供幾乎與人類一樣好的輸出。這一突破將有助於推動元宇宙的可擴展性——在沒有人類干預的情況下為元宇宙增磚添瓦。

（5）AI 還可以輔助人機交互（HCI）。戴上一個支持 AI 的虛擬現實（VR）耳機時，它能讀取並預測你的電子和肌肉模式，從而準確地預知你想在元宇宙中如何移動。它還可以幫助實現語音導航，從而您無需使用手動控制器即可與虛擬對象進行交互。AI 還能幫助在虛擬現實中重建真實的觸覺。

可以說，如果沒有 AI，將很難創造出真實且可擴展的元宇宙體驗。

物聯網
技術

　　物聯網既承擔了物理世界數字化的前端採集與處理職能，也承擔了虛實共生的元宇宙虛擬世界去滲透乃至管理物理世界的職能。只有真正實現萬物互聯，元宇宙才真正成熟。

　　物聯網技術涵蓋感知層、網絡層、平台層和應用層四個部分。感知層的主要功能是採集物理世界的數據，是人跟物理世界進行交流的關鍵橋梁。比如小區的門禁卡，先將用戶信息錄入中央處理系統，然後用戶每次進門的時候直接刷卡就行。網絡層主要功能是傳輸信息，將感知層獲得的數據傳送至指定目的地。物聯網中的「網」字其實包含了接入網絡和互聯網兩個部分。互聯網打通了人與人之間的信息交互，後來發展出將物連接入網的技術，我們稱其為設備接入網，實現人與物和物與物之間的信息交互。平台層向下連接海量設備，支撐數據上報至雲端，向上提供雲端 API，服務端通過調用雲端 API 將指令下發至設備端，實現遠程控制。平台層主要包含設備接入、設備管理、安全管理、消息通信、監控運維以及數據應用等。應用層將設備端收集來的數據進行處理，從而給不同的行業提供智能服務，比如物流監控、污染監控、智能交通、智能家居、手機錢包、高速公路不停車收費、智能檢索等。

只有真正實現萬物互聯,元宇宙才真正
成熟。

　　元宇宙本身是應用場景的體現,多設備互連是其根本
技術保證。目前我們用到的手機、電腦、VR眼鏡都是物聯
網設備。但跨系統互連的技術難題仍未解決,畢竟不可能
讓每個人用同一品牌設備去連接,尤其元宇宙中的應用場
景來自多種設備,且設備之中又牽扯到隱私安全的問題,
未來的萬物互連道阻且長。

等實現了萬物互聯,
是不是就再也不用做
家務了?

CHAPTER 8

元宇宙會形成
新的文明嗎？

廣義地說，文明是使人類脫離野蠻狀態的所有社會行為和自然行為構成的集合。數字化社會的不斷發展，使得當前人類文明面臨着發展的奇點，高度自由且極具想像力的體驗，會讓新的文明區別於人類漫長歷史中的任何一個階段。

1 我是誰？

　　為了融入並構建整個元宇宙的文明基礎，人們需要依託於虛擬數字人。虛擬數字人的廣義定義是數字化外形的虛擬人物，是「虛擬」（存在於非物理世界中）+「數字」（由計算機手段創造及使用）+「人」（多重人類特徵如外貌、人類表演 / 交互能力等）的綜合產物。打破物理界限提供擬人服務與體驗，是其核心價值。

　　中國人民大學哲學院教授劉曉力指出：人類正在多極化博弈中經歷着從未有過的劇變，一極是物理世界中人類肉身的力量，一極是數字技術虛擬世界的力量，另一極則是人類理性和道德的內在力量……今天，我們意識到，人類已經不期然地走進了元宇宙這個虛實混合、虛實不可分辨的實在論事件中。

　　隨着虛擬數字人的出現，在元宇宙時代如何體現「我」的主體性？個體的價值如何呈現？

　　現宇宙的文化大都傾向於承認有一個區別於生物（自然）肉身的自我，可以不被生物學的規律完全支配。但你的分身進入了元宇宙以後，又要如何處理它和具身的關係呢？是一種合作關係嗎？哪一個才是真正的我呢？那個遺落在現宇宙的具身會被分身拋棄嗎？元宇宙將深刻影响我們對時間、空間、真实、身體、關係、倫理等的認知，從

人類已經不期然地走進了元宇宙這個虛實混合、虛實不可分辨的實在論事件中。

大家好！我是元宇宙的虛擬人 AA，我會說所有地球人類的語言。無論你來自哪個國家，我們都可以交談。

人的內在心理結構，到原來非常熟悉的生活狀態，可能全都會發生重大變化，在這個變化中，我們該如何認識自我呢？

　　人的情感結構受到文化模式的影響，文化已經從傳統講故事時代的口語文化，發展到互聯網時代的視覺至上主義，到了元宇宙時代是否會出現新的文化或者情感結構？

《異次元駭客》電影中，人類可以通過網絡上載與下載人格，並且可以成功與多重數據世界中的平行角色進行人格互換。同時，本身作為數據世界中人格的平行角色亦會覺醒。在元宇宙時代，這一情節可能變為現實。

開闢了身體現象學的梅洛—龐蒂（Maurice Merleau-Ponty）認為，人應以身體的方式而非意識來面向世界，「不應該問我們是否感知一個世界，世界就是我們感知的東

西」。一物能帶來的認識，亦可用於認識它自身，「我『在我身上』又重新發現了作為全部我思活動的永久界域」。

　　虛擬世界是由「人」組成的世界，但這裏的「人」不是具體的人，而是以分身——虛擬數字人的形式出現。虛擬數字人的英文 Avatar 原來代表着人們的動畫或者是個人角色。從某種角度來說，它是人們在現實世界中身份虛擬化的產物，是人們現實身份在虛擬世界的延伸和映射，它也因此成為了人們的第二身份，得以在虛擬世界中完成交互。學者認為虛擬世界的居民是虛擬數字人，它調解了我們對這個空間的體驗，也可以促進我們同他人分享關於這個世界的共同認知。

　　實體化的人藉助虛擬數字人參與虛擬世界的活動，比如可以在虛擬世界中實現走、跑、跳甚至是飛翔等一系列活動，完成對虛擬世界的探索，實現同虛擬世界中環境的互動。不僅如此，它還可以讓人們實現同其他人的互動，實現人和機器、人和人的一系列交互。

虛擬
社羣

　　虛擬社羣最早出現在 20 世紀 90 年代的美國，《雪崩》《神經漫遊者》《真名實姓》等賽博朋克文學作品的湧現，使越來越多的人相信，人們在不久的將來就可以藉助 VR 眼鏡和重力手套，接入一個存在於網上的虛擬社羣，在那兒所面對的溝通對象，已轉變為立體、真实的个人形象，其所有內外細節都会更高效地帮助我們尋找「同類」。

　　數字分身讓現實中的人擁有了第二身份，人們藉助第二身份聚集形成虛擬社羣，一切都变得具象化、实体化，而「社區」的概念也会更加清晰。這是一种聚集效應，自由聚集、自由解散乃至重新聚集，大的元宇宙包含小的元宇宙，大的元宇宙主要是集成遊戲規則，小的從虚拟端連接的是現實和个人。虚擬社羣規模不斷擴大，就形成了符合這個社羣的獨特的形態，進而形成相應的社會系統。社會系統的形成，標誌着元宇宙中「精神空間」的成熟，這讓元宇宙完全帶有強烈的人文色彩。

　　在虛擬文明的形成過程中，人們除了利用數字分身來參與並推動整個文明形成的過程，也需要在現實中對元宇宙的運行規則進行相應的制定。從目前來看，元宇宙要維持自身的正常運行，就必須有自己的運行規則。

社會系統的形成，標誌着元宇宙中「精神空間」的成熟。

元宇宙的出現和發展，引發了人們對自始以來就存在的一些命題的新思考，這些命題包括肉體和精神、自我和宇宙以及存在和虛無等。體驗當超級富豪的感覺、重塑不一樣的第二人生，在元宇宙規劃的未來都不是夢，真真假假、虛虛實實之間，就看您要不要！

2003 年，菲利普・羅斯代爾創造了遊戲版虛擬社群《第二人生》，用戶可以在其中打工賺錢、交友戀愛、買房置地，設計自己的住宅，還可以和夥伴一起設計巨大的景觀建築。所有設計製造出來的內容都可以用於交易，所用貨幣為「林登幣」。2006 年 6 月，美國服裝公司（American Apparel）在其中開設了店舖。後來，《第二人生》允許林登幣與美元實現雙向兌換，一位化名 Anshe Chung 的女性用戶在《第二人生》買入土地後改建售出，賺了上百萬美元。

《第二人生》的名字是一個隱喻，暗含着人生的另外一種可能性。斯坦福大學虛擬人類交互實驗室負責人 Jeremy Bailenson 認為，在身體的物理限制和相關行為限制被解除，人們可以在虛擬世界中有自己的分身後，大家會改變對教育，健康，同理性等的看法。《第二人生》是超越了物理界限的社交天堂，無論身處哪裏，是怎麼樣的狀況，每

個人都能從虛擬世界中獲得真實世界的價值。它們還會向用戶提供更多對自身和環境的控制，豐富在線社交互動的種類。

比如，在每個人都不喜歡社會枷鎖的當下，誰沒有一個柏拉圖式的農場主夢呢？ PlatoFarm 社區就是基於此，幫助現宇宙中的所有人實現夢想，其在短時間內打造了一個以農場為主題的，面向 Web3 的元宇宙生態。

虛擬
文明

　　廣義地說，文明是使人類脫離野蠻狀態的所有社會行為和自然行為構成的集合。數字化社會的不斷發展，使得當前人類文明面臨着發展的奇點，高度自由且極具想像力的體驗，會讓新的文明區別於人類漫長歷史中的任何一個階段。

　　元宇宙不僅融合了區塊鏈、AR、5G、大數據、AI 等新技術，更開始形成數字創造、數字資產、數字市場、數字貨幣、數字消費的新模式。同時，它也使得人類社會本有的一些邊界開始模糊，比如有限和無限、秩序與自由、經濟與管制。

　　人們藉助數字分身，可以將現實活動映射進元宇宙，從而可以塑造其虛擬文明。其演進過程，同現實中的文明演進過程極為類似，但是由於信息技術的高度發達，其形成過程更短。

　　人類文明進步的價值在於知識的探索與實踐。通過分身，人們對元宇宙進行「社會性」建設。這種原始的「社會性」通過不斷更新以及再創作，可以演變成為「文化性」，甚至是「文明性」，一步一步地塑造出元宇宙中的虛擬文明。這種虛擬文明區別於現實，但又是現實中人類社會文明的延伸和附屬。它服務於現實社會文明，與現實文

「社會性」通過創造者的不斷更新以及再創作，可以演變成「文化性」甚至是「文明性」。

明相互交融。因此，通過構建起整個社會運轉規則成為了元宇宙的文明基礎。

元宇宙是為未來而構建的，具有「召喚神龍」的巨大力量，但這種前景無論多麼奇妙，都應該使人類文明擁有更大的發展空間，而不是相反甚至沒有未來。

兩種
模式

　　朱嘉明教授在題為《元宇宙：人類大轉型時代下的革命性選擇》的演講中提到：「在日益強大的系統、日益綜合的技術、日益量化的社會，我們越發不知道這個世界真正的坐標系在哪裏，如果任其發展下去，我們面對的是失序、分裂、崩潰，於是產生了兩個模式，一個是『馬斯克模式』，我定義為『星際資本主義模式』——地球不行了，我們需要想辦法到外星去，肉身去不了，也讓人的信息、基因過去；另一個就是『元宇宙模式』——構建虛擬現實世界。『馬斯克模式』依賴於資本、依賴於傳統的企業力量，需要用資本＋技術＋公司完成一次人類歷史上的遷徙和轉型；元宇宙是 DAO（去中心化）模式，地球和人類無法承受試錯成本和後果，在現宇宙中無法解決的問題，需要到一個新的世界去試驗，元宇宙是一個革命性的解決方案和方法。」

　　若想構建起完整的元宇宙，除了相應的技術，更需要人們擁有對虛擬世界強大的組織能力。2021 年 12 月，巴比倫蜜蜂網發佈了馬斯克說的一句非常有趣的話：如果要置身於元宇宙首先要解決暈車問題。他用現宇宙的物理空間來評判元宇宙，並不是出於什麼神經科學的研究，而更多地是由自身的利益和立場所決定的。

元宇宙是一個革命性的解決方案和
方法。

在現實世界中無法解
決的問題，需要到一
個新的世界去試驗，
元宇宙是一個革命性
的解決方案和方法。

元宇宙將如何
改變現宇宙？

在元宇宙之前，人類生活在「雙重故事」之中，始終在物質和精神、現實與虛擬之間劃有一條界線，並且認為後者是附麗於前者而存在的。然而，在元宇宙時代，人的整個身體都被作為幻覺節點來使用，完全可以反過來把現實生活看作是異化的與無意義的，而把虛擬出來的生活當成真實的生命經驗。

虛實
融合

　　元宇宙不只是要建構一個平行的虛擬空間，而是要形成一個無限的、相互連接的虛擬社區組成的世界，在這裏人們可以通過使用 VR 耳機、AR 眼鏡、智能手機的 app 或其他設備，來交流、工作和娛樂，反過來又改變了現宇宙的狀態，這是一种融合。新興技術分析師維多利亞·佩特羅克（Victoria Petrock）表示，元宇宙還將融入生活的其他方面，比如購物和社交媒體，而且這是連接性的下個進化，這些東西開始在一個無縫的、二重身的宇宙中融合在一起，所以你的虛擬生活和現實生活其實沒什麼兩樣。

　　比如說，十年之後，當你經過一家餐館時，在你注目的那一瞬間，菜單就跳到你眼前，而你朋友曾经推荐過的話也會躍然出現眼前。這樣的世界不是更加便捷和有趣嗎？

　　關於元宇宙與現實的關係，可以用佛教經典中所說的因陀羅網來比擬。《華嚴經》中提到，因陀羅網由無數種珠寶編織而成，每一件珠寶都有無數個面，它映射出網中的其他珍寶且被其他珠寶所映射。唐代的法藏大師為了讓武則天領略因陀羅網的境界，準備了十面大鏡子，安放於八方上下，鏡面相對，各距一丈，中間安放一尊以燈火照着的佛像。於是每面鏡子中都重重疊疊地現出佛像和其他鏡

元宇宙將跨越物理世界和虛擬世界，把線上線下通過「連點成線、連線成面」的方式融合起來。

每個人都可以根據自己的需求，在元宇宙中進行創造，每個用戶同時也是開拓建設者。

我也可以嗎？太棒了！

子映現佛像的樣子讓人一下都明白了這一佛教理論。

同樣地，元宇宙將跨越物理世界和虛擬世界，把線上線下通過「連點成線、連線成面」的方式融合起來，將現實社會的各方面整合進來，使双方交叉映射且融合在一起。

在元宇宙之前,人類生活在「雙重故事」之中,始終在物質和精神、現實與虛擬之間劃有一條界線,並且認為後者是附麗於前者而存在的。然而,在元宇宙時代,人的整個身體都被作為幻覺節點來使用,完全可以反過來把現實生活看作是異化的與無意義的,而把虛擬出來的生活當成真實的生命經驗。

小說《雪崩》中,現實中的窮人阿弘在虛擬街區裏擁有了豪宅。如果是在過去,這很容易被理解為空想和逃避,而今天,元宇宙中的豪奢卻可以倒過來使現實的困窘感消失得一乾二淨:前者可以無比真實而使現實化約,變得像夢幻泡影一樣不值得在意。

一個可能的前景是,在元宇宙中,人羣仍然是分裂的,元宇宙注定要複製現代市場經濟及其商品貨幣關係,以及包括貧富差距的擴大在內的大部分缺點。一切仍須付出代價,比如更高清精美的頭像版本,更體面的服裝設計以及更好位置的虛擬別墅,從湖光到山色仍然需要花很多錢。也就是說,一切仍必須付費獲得,哪怕你很少用,就像今天遊戲中的個人裝備一樣。這種分裂,有可能會比現實物理社會更加明顯。

在元宇宙裏,富豪還是富豪,草根依然是草根。要

這種分裂，有可能會比現實物理社會更加明顯。

改變自己的形象或生活，你必須付錢下載更新或者請人設計。你要飛往火星去旅行，火星虛擬航班和火星車等裝備也是必需的，而提供這些的人或者公司也會收取一筆不菲的費用；和某個女孩一起去酒吧，你也需要預約。沒有錢（不管是什麼形式的），在元宇宙就可能仍然在一個「低層世界」上，看着別人過着你從來沒見過或想到過的豪爽生活。

二元
轉變

　　新冠疫情的爆發，倒逼人們在線交流，加速了大眾向虛擬世界的遷徙。元宇宙須具有融合性和開放性，否則就只是一個新的獨立的 3D 互聯網。元宇宙應當是開源的、開放的，創造者應當實現元宇宙的技術開源與平台開源，並通過制定標準和協議將代碼進行模塊化，不同用戶都可以根據自身的需求在其中進行創新和創造，將自身所擁有的線上資源加入元宇宙並拓展其邊界。從這個角度來說，用戶同時也都是其開拓建設者，元宇宙的擴張永遠不會暫停或結束，將以共同創造的方式進行着無限的發展。

　　人類社會一定會全方位地發生變化，開始是經濟組織及制度的變化，從而波及社會組織結構和治理模式。人類會正在面臨新二元轉變：一方面，要改造和改善現實社會的社會生存環境；另一方面，要開始在元宇宙中構造生活、生產和社會交往的模式。人們要開始面對現宇宙和元宇宙的雙重身份。

　　我們引用美國斯坦福大學虛擬人機交互實驗室創始主任拜倫森《按需體驗》的觀點來說，元宇宙不是讓我們遠離了現實，而是豐富了我們的生活，並使我們更好地對待他人、環境以及自己。

元宇宙不是讓我們遠離了現實，而是豐富了我們的生活，使我們更好地對待他人、環境以及自己。

元宇宙將如何改變現宇宙？ CHAPTER 9

生活
場景

　　元宇宙的未來在於探索其應用場景，這就需要考量用戶的體驗，其模式可能是通過體驗感增加用戶的使用時間，進而提高用戶黏性。這些時間（體驗）成為元宇宙中各項服務的基礎。

　　元宇宙中人類的交流，是用戶通過創建虛擬形象在元宇宙中實現與現實相近的交互體驗，但與現實交流相比，賦予了參與者隨意設計交流場景的自由。現代的交流場景理論，已經突破了諸如餐廳、咖啡館、休息室等現實存在的物理地點的空間概念，而從信息獲取模式出發，將交流場景理解為和人們交流的信息相匹配的環境氛圍。

　　可以說，現代社會對場景的定義，包含了基於物理空間的硬要素和基於交流者心理與行為的軟要素。元宇宙基於移動設備、社交媒體、大數據、傳感器和定位系統所提供的技術，可以很方便地為擬交流的用戶設計、營造、存儲、調用場景。在元宇宙中，用戶根據自身獨特的行為與心理營造環境氛圍的自由度更高，更能依據其主觀意志創造和調用一種專屬的、具體的、可體驗的虛擬場景。

　　此外，用戶的虛擬形象在元宇宙中的所有行為都會被數據化，元宇宙的開發者可以通過長時間的大數據積累，偵測到每一位用戶的行為和交流習慣。當越來越多的用戶

留下他們的行為軌跡時，元宇宙也可以為他們量身定製場景，以提供更好的信息、關係與服務。

我們認為，當前技術條件仍然是步入元宇宙時代的門檻，未來在通訊和算力、交互方式、內容生產、經濟系統和標準協議等領域的突破將陸續拉近我們與元宇宙時代的距離。

圖說元宇宙

元宇宙將如何改變現宇宙？

CHAPTER 9

虛擬
辦公（1）

元宇宙會為人們提供一個更有效率、更加精彩、更能創新的工作平台，從而實現升級版的數字經濟。元宇宙應該是更有利於滿足人們的創新創造需求的，而為了提升人們的創造能力，元宇宙應當對人們在其中的創造性活動支付貨幣報酬。也許有一天，很多人會在元宇宙裏上下班，社交主娛樂也在元宇宙，現宇宙就成為安排肉身吃喝拉撒睡的場所，從而徹底改變每天的日程安排。

他們將能夠隨時隨地進入辦公室，在一個有「虛擬形象」的 3D 空間開展一天的工作。在此情境下，企業生產、溝通、協作三個維度均有望實現進化：沉浸式的工作體驗將帶來工作效率及創造力的提升；元宇宙社區中的溝通有望接近現實世界面對面的溝通效果；企業僱傭的員工遍佈世界各地，全球化協作促使其組織形態和管理方式變革。

韓國最早也是最大的手機遊戲開發推廣商 Com2uS 目前擁有約 2500 名員工，該公司於 2022 年初宣佈，公司將整體搬入元宇宙，真正建造一個並非遊戲的「真實」元宇宙公司大樓。屆時公司所有的人類員工在「元宇宙辦公室」都將擁有一個獨一無二的工號，員工將無需到真實的實體辦公室上班。員工可在世界上任何一個可以上網的地方，每天通過電子設備「到」公司上班，在元宇宙的網絡辦公

元宇宙內，員工可進行除人類生理需求之外，在現實物理世界辦公室可做的一切活動。

室內各位員工可進行除人類生理需求（吃喝等）之外的，在現實物理世界辦公室可做的一切活動。

2020 年 9 月，Facebook 宣佈推出 VR 虛擬辦公應用 InfiniteOffice，支持用戶們創建虛擬辦公空間。想像一下：現實中的你還在家中吃着早餐，虛擬形態的你已經坐在了明亮寬敞的虛擬會議室，來自全球各國的同事們以虛擬形象依次落座，文件以第一視角同時出現在所有人眼前，環繞立體的數字聲音傳入耳朵……

據微軟混合辦公白皮書介紹，遠程辦公模式下，人們的人際交互活動更加單一，導致創新的停滯和趨同思維，損害創造力、減弱團隊凝聚力，而元宇宙中的「分身」能讓彼此感覺處在同一空間內，提高凝聚力，提高疏遠關係網的互動頻率，這些優勢都將顯著改善目前遠程工作中的痛點。根據 META 發佈的《視頻及 VR 會議比較：溝通行為研究》，在視頻會議中，對話回合少，話題轉換更為正式，

在虛擬現實空間中比屏幕前的工作效果更好，認知能力和工作效率有進一步的提升。

85% 的溝通因肢體語言的缺失而受到影響，同時，演講者較少接收到聽眾的反饋；而在採用分身的虛擬會議中，肢體語言的使用和頻繁的聽眾反饋能顯著改善溝通效果，對話回合明顯增多，這種你來我往的討論方式更貼近自然情形下的人類交流。另一方面，Eric 等學者在《虛擬記憶宮殿》（Virtual Memory Palaces）中的研究表明，由於人們的認知和記憶部分依賴於空間感，因此在虛擬現實空間中比屏幕前的工作效果更好，認知能力和工作效率有進一步的提升。

可以想像，「虛擬辦公桌」作為高效、便捷、即時的交互載體，將在很長一段時間內成為元宇宙辦公場景的核心媒介。不過，它可能只是複製了我們現在做的事情：大家坐在辦公室或者會議室裏，圍着一個數字屏幕進行發言互動。但這只是我們的想像，一切正在快速演變發展，很可能在不久的將來，我們不再需要這種工作方式。

目前，Com2uS 公司正與各行各業的許多大型公司簽約，計劃在網絡上創建一個集休閒、娛樂、經濟、金融等為一體的元宇宙生態系統，打造一個類似人類真實社會的「數字孿生」元宇宙都市。

遊戲場景（1）

　　如今各界對於元宇宙的看法可以分為兩類，一類是「元宇宙無非就是一羣人在大型的虛擬世界遊玩，跟目前的VR/MR遊戲區別不大，並不能解決實際生物需求」，二是「元宇宙為未來奠定了基調，如今的科技發展方向基本朝着元宇宙描繪的世界前進」。無論答案如何，最為接近元宇宙概念落地的無疑還是遊戲領域。

　　遊戲是數字化生活的典型場景，其玩家被視為元宇宙的種子用戶。作為元宇宙的重要發展階段，大型遊戲正在朝開放自由創作、沉浸式體驗、經濟系統、虛擬身份及強社交性等方向發展，並具備五個特徵：

　　（1）基礎的經濟系統：遊戲中建立了和現實世界相似的經濟系統，用戶的虛擬權益得到保障，用戶創造的虛擬資產可以在遊戲中流通。

　　（2）虛擬身份認同強：遊戲中的虛擬身份具備一致性、代入感強等特點。遊戲一般依靠定製化的虛擬形象和形象化的皮膚，以及形象獨有的特點讓用戶產生獨特感與代入感。

　　（3）強社交性：大型遊戲都內置了社交網絡，玩家可以及時交流，既可以用文字溝通，也可以語音，甚至可以視頻。

遊戲是數字化生活的典型場景，其玩家
被視為元宇宙的種子用戶。

（4）開放自由創作：遊戲世界包羅萬象，這離不開大
量用戶的創新創作。如此龐大的內容工程，需要以開放式
的用戶創作為主導。

（5）沉浸式體驗：遊戲作為交互性好、信息豐富、沉
浸感強的內容展示方式，將作為元宇宙最主要的內容和內
容載體。同時，遊戲是 VR 虛擬現實設備等最好的應用場景
之一：憑藉 VR 技術，遊戲能為用戶帶來感官上的沉浸體驗。

　　對於遊戲玩家來說，遊戲不再是單純的娛樂行為，而開始成為現實世界的延展，越來越多的玩家願意投入更多的時間參與到虛擬世界，「遊戲＋社交」成為虛擬世界的新場景和新應用。元宇宙上市第一股 Roblox 打造了一整套「UGC 遊戲平台＋沉浸社交屬性＋獨立經濟系統」的閉環世界。雖然全球遊戲產業收入規模大、玩家多，但也亟須進行轉型。

　　以區塊鏈為基礎的 GameFi 新形態遊戲，出現了三大不同特色：1. 遊戲平台願意將角色與實物裝備開放給玩家以 NFT 形式轉售。這些 NFT 並非純供收藏，仍具備實用價值，促使玩家交易熱絡。2. 遊戲平台鼓勵玩家用「邊玩邊賺」方式參與遊戲；不過，玩家通常也必須花錢購買一些初始角色或虛擬資產，才得以進入。3. 通常遊戲平台也會發行自己的通證，玩家不但可用此換寶物，也能在許多通證交易所上匯兌成比特幣或以太坊等加密數字貨幣，或使用來投資等。

　　從發展實踐來看，遊戲化金融代表的是許多以往遊戲世界裏存在的資產，都可以更流通的方式來交易。

沙盒遊戲已經具備了元宇宙的雛形。

雲遊戲是遊戲未來的轉型方向。

元宇宙將如何改變現宇宙？ CHAPTER 9

在今日世界，實體經濟本身已經產生和積累了太多的問題，很多實體經濟和產業正走向衰落，需要元宇宙加以支持和補充。元宇宙和傳統實體經濟是互補關係，元宇宙對實體經濟的積極意義大於衝擊。

根據互聯網業界的設想，未來在元宇宙中將產生自身的貨幣，用戶的生產工作的價值將以平台統一貨幣的形式來確認，用戶不僅可以使用元宇宙所特有的貨幣在虛擬平台進行採購和消費，還可以將其兌換成各國現實的法定貨幣。因此，設立自身的經濟系統，成為升級版的數字經濟是驅動和保障元宇宙用戶創新的引擎。

元宇宙的發展也將帶來新的商業模式，許多遊戲玩家花費遊戲幣來進行皮膚購買，然後通過完成任務，得到更多的虛擬物品，如果部分物品是稀有物品的話，則可以通過二級市場進行交易，那麼這二手市場的收益也無可估量。

元宇宙作為數字經濟的有機組成部分，是其最活躍，最具代表性的部分，元宇宙也是技術革命的一個新挑戰，也許未來三年或五年都不一定能解決，但一定會有所突破。

元宇宙能使消費者有更好的體驗，如今元宇宙推進了人們的虛擬體驗，也讓人們在虛擬世界中花費了很多的時間，如在購物中人們可以利用虛擬現實技術來進行評估等。

元宇宙對實體經濟的積極意義大於衝擊。

浙江現代數字金融科技研究院理事長周子衡指出，完美的經濟關係在物理環境中是難以實現的，隨着技術的進展和普及，人類的經濟活動正在從物理環境向數理環境進行遷徙，遷徙的過程中會需要一個數字化的賬戶，幫助人們進行數字化決策，元宇宙無疑將提供更宏大的想像空間。

CHAPTER 10

我 們 距 離
元宇宙還有多遠？

元宇宙的內容短期將集中於遊戲端與藝術端，長期來看，元宇宙的發展路徑預計將為「遊戲／藝術—工作—生活」，未來的發展一般認為會分為三個階段：數字孿生階段、數字原生階段和虛實共生階段。

發展
階段

　　中國科技大學、香港科技大學、韓國科學技術院、英國倫敦大學學院、芬蘭赫爾辛基大學的合作研究認為，截至目前，元宇宙的發展大致分為五個階段：文學階段（1984年及以前）、基於文本的交互遊戲階段（1985 — 1992 年）、虛擬世界與大規模多人玩家在線遊戲（1993 — 2011 年）、智能手機與可穿戴設備上的沉浸式虛擬環境（2012 — 2017年）、元宇宙新時代（2017 年至今）。

　　要達到元宇宙這樣的虛擬時空：第一，需要比目前更高水平的場景渲染技術，可以讓人在其中通過各種方式來設定長相、家庭、技能水平等，提供一個更加沉浸式的場景；第二，需要更好的接口設備能讓我們感知冷熱、酸甜苦辣等各種感覺；第三，需要能捕捉我們的各種動作和表情並實時同步。這需要技術手段的發展成熟，只有當硬件的裝備、軟件的算法以及傳輸等增強到一定程度才可實現。

　　除此之外，元宇宙作為各方面內容的載體，更需要有足夠多的人在上邊交流，才能形成「宇宙」的概念，足以讓我們有以假亂真的體驗，同時，足夠多的人成為一個社會，意味着要有管理及有效機制的制定，要解決技術、社會、法律等各方面的問題。

長期來看，元宇宙的發展路徑預計將為
「遊戲／藝術—工作—生活」。

元宇宙的內容短期將集中於遊戲端與藝術端，長期來看，元宇宙的發展路徑預計將為「遊戲／藝術—工作—生活」，未來的發展一般認為會分為三個階段：數字孿生階段、數字原生階段和虛實共生階段。

數字
孿生 (1)

2021 年 4 月,英偉達老闆黃仁勛告訴《時代》雜誌,他想創造出「一個相當於我們世界數字雙胞胎的虛擬世界」。他說的實際上就是數字孿生世界。

數字孿生就是把我們的現實世界映射到虛擬世界,簡而言之就是使現實物理世界和虛擬世界成為雙胞胎:一個是存在於現實世界的實體,另一個是存在於虛擬世界中,與現實物理世界對稱的數字「克隆體」,「克隆體」可以通過接收來自物理對象的數據而實時演化,從而與物理對象

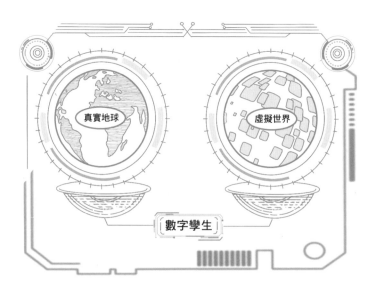

真實地球　　虛擬世界

數字孿生

數字攣生簡而言之就是使現實物理世界和虛擬世界成為雙胞胎。

在全生命周周期保持一致，可進行分析、預測、診斷、訓練等，即可以仿真，並將仿真結果反饋給物理對象，從而幫助物理對象進行優化和決策。

比如在建築領域，數字攣生能夠將真實世界的建築物在虛擬空間進行四維投射，實現建築物全要素數字化和虛擬化、狀態實時化和可視化。早在 2005 年，比爾·蓋茨向微軟虛擬地球部創始人陶闡博士描繪了一個虛實融合的未來世界。第二年微軟上線虛擬 3D 地球業務，人們可以在線俯瞰多城實景三維城市模型，連廣告牌都能高度還原。

網絡媒體日益盛行，傳播媒體正從零散信息的記載和報道，向信息的系統整合、模擬仿真方向發展。新一代 ICT 技術羣的快速發展，使得構建攣生地球成為可能。從區域範圍看，包括攣生社區、攣生園區、攣生城市、攣生中國及其他國家等；從行業應用看，包括攣生文旅、攣生工廠、攣生建築、攣生電力、攣生城市循環系統等；基於攣生地球，可實現各領域、各行業應用的有效統合，實現虛實共生，實時互動的全局沉浸體驗環境，實現更加智能的平行世界。接下來，城市數字攣生體應該會發展為一個自運營、自學習、可預測的系統，以協助處理現實城市的各種複雜問題。

數字孿生（2）

　　數字孿生是對現實世界物理元素的複製，它首先面向物，強調物理真實性，跟蹤或模擬現實世界運作，通過核心技術優化重塑一個更美好的物理世界，致力於優化現實世界的生產效率、用戶體驗等，最終產物是作為現宇宙鏡像的「克隆宇宙」。而元宇宙直接面向人，強調視覺沉浸性、展示豐富的想像力。數字孿生不可能成為真正的元宇宙，但要構建一個與現宇宙高度貼合同時又超越現宇宙的「元宇宙」，前提需要大量的數據模擬和強大的算力來 1：1 創造一個虛擬世界，關鍵核心點則是數字孿生。

　　數字孿生技術為元宇宙中的各種虛擬對象提供了豐富的數字孿生體模型，並通過從傳感器和其他連接設備收集的實時數據與現實世界中的數字孿生化（物理）對象相關聯，使得元宇宙環境中的虛擬對象能夠鏡像、分析和預測其數字孿生化對象的行為。它將使物聯網連接對象擴展為實物及虛擬孿生，將實物對象空間與虛擬對象空間融合，成為虛實混合空間。從某種意義上來說，數字孿生技術將成為元宇宙的核心基礎，而數字孿生將是元宇宙的中級形態。

　　世界知名 IT 諮詢公司 Gartner2016 － 2018 年連續三年將數字孿生列為十大戰略科技發展趨勢，2019 年則認為數字孿生處於期望膨脹期頂峰，將在未來五年產生破壞性創新。

數字孿生不可能成為真正的元宇宙，但卻是元宇宙的重要基礎和階段。

數字
原生

　　第二階段叫作數字原生。創作者本身就在數字世界裏去生產某一個產品,這叫作數字原生,核心是知識從海量數據關聯中生產。舉個例子,在現宇宙中有一個深圳,在網絡裏有一個虛擬深圳,這是數字孿生。而在現實世界裏深圳沒有一家叫「夜航船圖書館」的地方,在虛擬深圳裏原來也沒有。我在虛擬深圳開一個「夜航船圖書館」,這個圖書館就是在數字世界裏生產出來的一個數字產品,這就是數字原生。

　　一本書一旦數字化,信息的生產、傳輸、內容分發與口碑輿論的形成等一系列動作都在數字世界發生,因此就有了「一千個人眼裏一千個哈姆雷特」,而真正的哈姆雷特到底是什麼,反而需要從海量數據的關聯中去生產了。

　　相比較而言,數據孿生用我們的知識白盒構建一個模型,做高性能計算去推理,去解決虛擬數字世界裏的問題。而數字原生是生產人類認知之外的新知識。就像AlphaGo從黑白落子的行為數據中,面向答案(輸贏)學習中間不確定性的過程,生產出新的知識。

數字原生和數字孿生的區別是什麼？

數字孿生是用我們的已有認知和知識去解決虛擬數字世界裏的問題，而數字原生是指這個東西本就是從虛擬世界裏生產出來的。

虛實共生

　　第三個階段就是虛實共生。在虛實共生的階段，人類是區分不了哪裏是現實世界，哪裏是虛擬世界了。如果說數字孿生是元宇宙的中級形態，那麼虛實共生將是其高級形態

　　在未來，數字孿生技術的應用廣度和深度將進一步深化，現實中的每一個用戶都可以在虛擬世界中創建自身的孿生體，進而在不同的元宇宙中自由穿行。從本質來講，數字孿生是複雜的技術體系，而元宇宙則是極為複雜的技術 — 社會體系。雖然數字孿生起源於複雜產品研製的工業化，現正逐步向城市化和全球化領域邁進，而元宇宙起源於構建人與人關係的遊戲娛樂產業，現正快速從全球化向城市化和工業化邁進，但是二者最後都會統一於虛擬與現實有機融合的「虛實共生」的體系中。未來「虛實共生」的新世界將構建在區塊鏈技術和數字孿生技術之上。區塊鏈技術為元宇宙提供了一個開放、透明、去中心的協作機制，加上數字孿生技術，能夠徹底打通客觀宇宙和數字世界之間的界限，實現二者之間的有機融合。

　　在元宇宙的「虛實共生」階段，現實的人類和他們的數字孿生體，將形成新的社會關係與情感連接，構建起虛實共生的新型「人類社會」。而實體經濟與虛擬經濟也共同進化為數字經濟，成為虛實共生狀態的經濟形態。

現實的人類和他們的數字孿生體，將形成新的社會關係與情感連接。

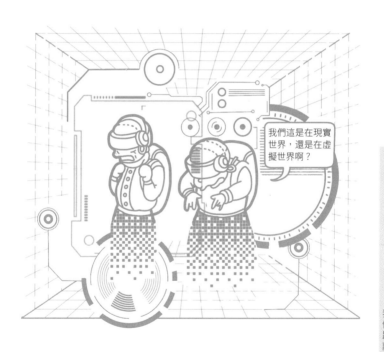

雙向
促進

　　元宇宙對促進現宇宙的發展有正面價值，將來一定會出現很多事物，是在元宇宙中創造之後，孿生到現宇宙中的。人們在元宇宙中天馬行空地進行創造，創造的成果可以反向在現宇宙中落地。元宇宙既可以構建人類生活的虛擬世界，也能將人類引向星辰大海。

　　人類應該走出去，向外發展，但元宇宙本身也是人類想像力的釋放。數字的東西足夠強大後，一定會反過來影響物理世界。從數字孿生到數字原生，最後會走向虛實相生。實的東西會影響虛的，虛的東西也會影響現實。例如數字孿生，對於工業製造、城市規劃等有很大的幫助。元宇宙下的人類行為分析，對於研究社會學、行為學，也是有益處的。

　　當前在遊戲行業中，遊戲的開發者、發行者和玩家之間是相互割裂的，一款遊戲運營過程中絕大部分的盈利被發行者和開發者拿走，在這個體系中，龐大的並且付出時間最多的玩家羣體只是單純的消費者角色，而且需要指出的是，在現在的主流的大多數遊戲中，即便是玩家付費購買的虛擬道具，也僅僅是擁有在這個遊戲內的使用權和處置權，不能擁有所有權，遑論跨不同遊戲的所有權和使用權，這種現狀不可謂公平。在未來的元宇宙中，NFT 的

元宇宙既可以構建人類生活的虛擬世界，也能將人類引向星辰大海。

加持可以使任何有價值的個體和事物被發現、記錄並得到應有的尊重，將遊戲虛擬資產的所有權回歸給玩家，不論是遊戲的開發者還是其他玩家，不經允許都不可能非法獲得。這將有助於解決遊戲廠商和玩家的互信問題，進而有助於推進遊戲行業商業模式的不斷進化。

平台
聚合

有研究者指出，可以預見元宇宙在未來十年間會出現三個階段的演進：

未來五至八年，隨着技術端的不斷發展，我們預計各大互聯網巨頭公司和一些專注於遊戲、社交的頭部公司將發展出一系列獨立的虛擬平台。預計 2030 年前後，隨着泛娛樂沉浸式體驗平台已經實現長足發展，元宇宙將基於泛娛樂沉浸式體驗平台的基礎向更多的體驗拓展，我們預計部分消費、教育、會議、工作等行為將轉移至虛擬世界，同時隨着虛擬世界消費行為不斷升溫，並隨着數字貨幣和基於 NFT 的數字信息資產化，經濟系統開始建立，隨之帶動部分虛擬平台間實現交易、社交等交互。

預計 2030 年後，各個虛擬平台將作為子宇宙，逐漸形成一套完整的標準協議，實現各子宇宙的聚合並形成真正意義上的元宇宙。這些子宇宙依然保持獨立性，只是通過標準協議將交互、經濟等接口統一標準化實現互聯互通，元宇宙由此進入千行百業的數字化階段。到那時，數字和物理這兩個曾經涇渭分明的世界會加速融合。正如馬克·扎克伯格所說，「希望在未來，詢問一家公司是否正在建設元宇宙，聽起來就像詢問這家公司是否應用互聯網一樣」。

子宇宙依然保持獨立性，只是通過標準協議將交互、經濟等接口統一標準化實現互聯互通。

入侵現實

　　有一天，「元宇宙」會融入現實，成為生活的一部分。未來社會將很大程度上基於混合現實（MR）——那時，數字交往同時處於虛擬情境與現實社會情境之中，當它嘗試締造某種數字生態並不斷地強化、模擬、替代社會生活時，不可避免地要與社會規則相「調諧」。就像如今人們已習慣於在互聯網沖浪，在遊戲中社交。

　　整體而言，元宇宙是虛擬對現實的完整映射與替代。在元宇宙從無到有的形成過程中，必然伴隨着虛擬對現實的逐步入侵。在很多信奉或已經投注於元宇宙的人看來，這個入侵過程甚至在五至十年之內就會取得階段性的勝利。

　　《雪崩》本身就是一個非常典型的「賽博朋克（Cyberpunk）」故事。「賽博朋克」由 cyber（網絡）和 punk（小混混）兩個詞組成，cyber 象徵着控制，punk 象徵着反抗。在「賽博朋克」風格的作品中，世界科技發達，巨型城市毫無溫度感，大部分人生活環境逼仄，終日忙碌，只追求效率而沒有什麼自我。《銀翼殺手》《人工智能》《攻殼機動隊》《阿麗塔》等電影就非常具有「賽博朋克」風格。

　　虛擬入侵現實，確實正在進行之中。不知不覺間，我們已經不再撰寫書信，而是選擇輕點電子郵件；我們已經

虚擬入侵現實，確實正在進行之中。

很少手捧真正的書報，而是選擇在各種平板電腦和智能手機上閱讀；我們不需要磁帶、CD 和唱盤等「存儲介質」，就能輕鬆地下載和欣賞音樂；日新月異的遊戲世界裏，龐大的社會組織和複雜的愛恨情仇也正在被悄然複製。此外，金融領域中，一些虚擬資產的價格甚至早已超越黃金。

脫實
入虛

　　元宇宙所預示的虛擬世界會很快到來嗎？我們是不是無法逃脫被虛擬徹底吞噬的命運？過高的用戶黏性會把元宇宙變成了《黑客帝國》裏的那個世界嗎？

　　意識上傳人類大腦擁有約 850 億個神經元，每個神經元通過軸突與樹突與其他神經元相連接。在神經元相連的地方，信號通過神經遞質這種化學物質的釋放和吸收而傳遞。

　　關於人類的心靈，神經科學界已經達成的共識是人主要的精神活動，如學習、記憶、意識，都是在大腦中發生的純粹的電化學過程，這一切的運行原理是可被研究的。因此，隨着計算機技術和人工智能的發展，機器總有一天可以模擬人的大腦，擁有思考的能力甚至獲得意識。此時，將大腦內部的所有信息編碼並上傳到機器上，便可複製出和現實行為模式完全一樣的人，並擁有之前的一切記憶。

　　人類對信仰、道德、倫理、法律、宗教、家庭、社會等概念的理性認識，構建了基本的「存在」價值體系。當人們在元宇宙中體驗到「我思即我在」甚至色空不二，這套體系會不會失去作用而變得毫無意義？人的精神（靈魂）擺脫生老病死的束縛，在能力更強的虛擬空間安營紮寨，會不會是更好的選擇？

人的精神擺脫生老病死的束縛，在能力
更強的虛擬空間安營紮寨，會不會是更
好的選擇？

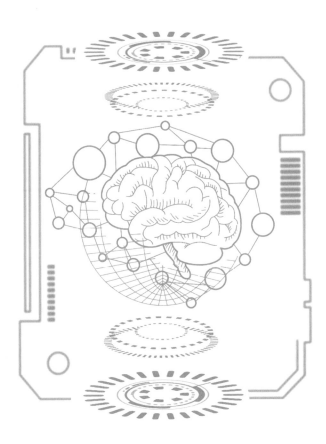

難以
完勝

　　有人認為：科學技術的發展帶來虛擬世界的不斷膨脹，但元宇宙的發展並不完全取決於技術水平。即便技術上的限制全部被突破，人類也不會完全進入虛擬狀態。

　　美國著名政治哲學家羅伯特・諾齊克曾提出一個思想實驗：假設有一台機器，只要走進去就可以在它營造的虛擬世界中享受最大的歡愉和樂趣，而留在現實中就要摸爬滾打，承受失意和痛苦。在他的課堂上，面對機器給予的極大誘惑，學生大多選擇了留在現實世界——相較於可以互相替代的元宇宙，無可替代的現宇宙承載了人們更多的期待。

　　迄今為止，元宇宙發展的大部分成果，仍然主要集中在信息的表達和傳遞領域，但人類文明除了信息還有其他屬性。數字資產的一路狂飆中，有很多把它誇大的投機力量推波助瀾。另外，信息的表達和傳播與消費息息相關，消費是為了在有限資源約束下獲得效用最大化。而效用的提升不僅依靠快捷，更依靠多元複雜的因素，包括品質、偏好等。虛擬的消費也因此並不能完全取代現實方式。比如電子閱讀和書寫再流行，仍然有不少人願意以紙墨方式讀寫。你可以說這是舊觀念和舊習慣，但卻是很難改變的。

　　《三體》作者劉慈欣對元宇宙持批判態度，他認為：「人

無可替代的現宇宙承載了人們更多的
期待。

類的未來，要麼是走向星際文明，要麼就是常年沉迷在 VR
的虛擬世界中。如果人類在走向太空文明以前就實現了高
度逼真的 VR 世界，這將是一場災難。」顯然，這是馬斯克
一派的典型看法。

　　在西方的主流哲學探討中，「虛擬世界」始終是被警惕和防範的對象。但歷史的車輪不可阻擋，隨着 Z 世代（1995 － 2009 年出生的一代人）在虛擬網絡世界中生活的時間越來越長，最前沿的軟硬件技術讓人們看到了打破虛擬與現實的可能性，通往元宇宙的大門已然隱隱開啟。有朝一日，人類會不會徹底由碳基生物蛻變為數字生物，徹底迎來永生？元宇宙從虛擬世界徹底變成了人們所生存的現實世界，生活在元宇宙中的數字人，和現實最核心的交集，是網絡、算力和能源。這些基礎設施如不能保證，就像地球少了太陽一樣，只能瞬間毀滅。

　　因此，元宇宙中的 NPC 虛擬人想必有着極大的危機感，他們的科技可能會爆發式進步並達到現實世界無法企及的高度。進而他們會以機器人的形式重建物理實體，控制現實世界。目前的碳基人類是否會滅亡，又有誰會關心呢？

　　除了這種生死存亡的關切，元宇宙還有一些新的風險，最直觀的，莫過於數字資產的市場風險，以及虛擬世界中洗錢和黑客等犯罪行為的增加。此外諸如用戶數據的保管、用戶隱私的維護，都需要有所監管。而監管的力量，卻只能來自現實層面。

人類會不會徹底由碳基生物蛻變為數字生物，徹底迎來永生？

CHAPTER 11

元宇宙中也有
生產與交易嗎？

元宇宙經濟同樣存在供需兩端，需求端需要滿足人的體驗和精神層面的需求，精神需求是多層次、多維度的，是豐富多彩的。這就需要供應端提供多種多樣的數字產品，張開夢想的翅膀、突破想像的極限，實現完美的人機接口，進行元宇宙內部的數字場景開發，滿足人們的無止境的精神需求。

數字
經濟

　　現實生活中，以物質為原料的產品能滿足人們吃飯、穿衣、居住、交通等生活需求，其生產、流通、消費為核心內容，圍繞人們的生活需求和物質產品而建立起市場、貨幣、產權、法律等一系列的制度安排和經濟秩序，構成了傳統的社會經濟體系。

　　數字技術的發展帶來了越來越多的數字產品，如遊戲、短視頻、電影等，僅僅在遊戲中需要的「道具」「皮膚」等產品被製造出來，它們以數字為載體，稱為數字產品。數字產品大體可分為三類：一、信息和娛樂產品，如紙上信息產品、產品信息、圖像圖形、音頻產品和視頻產品等；二、象徵、符號和概念，如航班、音樂會、體育場的訂票過程、支票、電子貨幣、信用卡等財務工具等；三、過程和服務，如政府服務、信件和傳真、電子消費、遠程教育和交互式服務、交互式娛樂等。

　　數字經濟是以數據為主要生產要素的經濟活動，既包含傳統物質產品生產、流通、消費的內容，也包括數字產品的創造、交換、消費的內容。2016 年 G20 杭州峰會發佈的《二十國集團數字經濟發展與合作倡議》對數字經濟作出了定義：以使用數字化的知識和信息作為關鍵生產要素、以現代信息網絡作為重要載體、以信息通信技術的有效使

只要在生產、流通或消費的任一環節，
利用了數字技術或者數據，都屬於數字
經濟範疇。

用作為效率提升和經濟結構優化的重要推動力的一系列經
濟活動。也就是說，無論是物質產品還是非物質產品，只
要在生產、流通、消費的任何一個環節，利用了數字技術
或者利用了數據，都屬於數字經濟的範疇。

　　元宇宙是一個完整的數字系統，現宇宙幾乎所有的經濟單元都可以參與其中的龐大經濟結構。無數受制於物理空間的新的城市、新的景觀、新的產品、新的服務，都可以在元宇宙中得以實現。這為備受空間限制的現實經濟單元創造了更大的活動領域。

　　元宇宙經濟同樣存在供需兩端，需求端需要滿足人的體驗和精神層面的需求，精神需求是多層次、多維度的，是豐富多彩的。這就需要供應端提供多種多樣的數字產品，張開夢想的翅膀、突破想像的極限，实现完美的人机接口，進行元宇宙內部的數字場景開發，滿足人們的無止境的精神需求。

　　一件 T 恤衫是物質產品，是典型的傳統經濟的代表。某款遊戲中的「皮膚」是在遊戲中被創造也在遊戲中被消費的數字產品，如果在現實中的 T 恤衫印上跟遊戲關聯的文字或圖案，就成為數字產品影響傳統經濟的一個案例。

　　元宇宙影響現實經濟一般有如下兩個途徑：首先，人們在元宇宙中的偏好，也可以投射到物理世界的產品上。遊戲、展覽、旅遊、設計等行業，都會受到元宇宙的影響，從而形成新的經營模式。偏好來自習得，至於是在現實物理世界還是虛擬世界中習得，並沒有本質區別。其

偏好來自習得，至於是在現實物理世界還是虛擬世界中習得，並沒有本質區別。

次，元宇宙促進數字產品的有形化。手辦、玩具是特別典型的一類商品。

這些商品原型都是電影、電視或遊戲中的一些人物，特別受 M 世代的歡迎。2019 年上海第一家《火影忍者》主題餐廳開業，《火影忍者》的影迷和遊戲玩家紛紛捧場，現場人山人海。

同樣是數字產品，其生產和消費的場景卻大有不同。比如電影是在物理世界中創造也在物理世界中消費，遊戲是在物理世界中創造而在數字世界中消費，遊戲中的皮膚則是在數字世界中創造並在數字世界中消費。我們可以把數字產品的創造、交換、消費等所有環節都在數字世界中進行的經濟活動稱為元宇宙經濟。

在未來，大眾將掌握元宇宙主導權，生產、消費、服務的邊界將變模糊。在現宇宙我們只能看花怎麼開，草怎麼長，在元宇宙卻可以體驗酒怎麼釀，汽車怎麼造，甚至一起給元宇宙的建築畫草稿。未來，企業可能只需要給用戶提供實體產品的生產原料或者虛擬產品的基礎代碼，由用戶進行個性化製作。通過這種人人經濟和集體智慧，人們將進一步提升產值。人們將流動開來參與到整個生產鏈，從點到線重新組合。從個體來說，個人通過天賦實現價值最大化，從組織來說，錢流動起來價值最高，人也是。

我們可以說，傳統經濟以實物商品為核心，元宇宙經濟以數字虛擬商品為核心，數字經濟則包含實物商品的數字化過程。因此元宇宙經濟是數字經濟的一個子集，是其最活躍、最具革命性的部分。在美國非常受歡迎的一款遊戲《第二人生》中，玩家利用遊戲提供的道具、材料創造

數字產品的創造、交換、消費等所有環節都在數字世界中進行的經濟活動，被稱為元宇宙經濟。

內容，然後在遊戲中完成銷售，這就是典型的在數字世界中發生的經濟行為，是元宇宙經濟學研究的對象。

元宇宙經濟擺脫了傳統經濟的一些天然限制條件，譬如有限的自然資源、複雜的保障秩序的制度、市場建立的巨大成本等。在純粹的數字世界，分析數字居民的行為特點，設定簡單的規則，從零開始構建經濟體系。

數字
創造

元宇宙經濟有幾個基本要素——數字創造、數字資產、數字市場、數字貨幣。

第一個是數字創造。這是元宇宙經濟的開端,沒有創造,就沒有可供交易的商品。在元宇宙中,人們進行的是「數字創造」,創造的是「數字產品」——數據的集合。我們在遊戲裏可以建造樓房、創造城市,我們在短視頻 App 中可以發佈拍攝和製作的短視頻,這些其實都是我們的數字化產品。

在元宇宙中，人們進行的是「數字創造」，創造的是「數字產品」——數據的集合。

元宇宙是否繁榮，第一個重要的指標就是數字創造者的數量和活躍度。簡單易用的創造工具是一門必須修好的課。誰在這個領域做到頂級水平，誰就有可能成為一個新的元宇宙的締造者。抖音短視頻降低了短視頻創作的門檻，Roblox 更進一步大幅度地降低了用戶創作遊戲的門檻，把 3D 遊戲開發簡化到只需用鼠標拖拽就能完成。

數字產品的生產方式，其可以分為 PGC（Professionally Generated Content，即專業原創內容）和 UGC（User Generated Content，即用戶原創內容），隨着 AI 技術的成熟，還將出現 AIGC（AI Generated Content，即人工智能原創內容）。PGC 作為數字資產，往往是通過人為設置稀缺性來保證其價值的穩定性的。UGC 是用戶創造的資產，這種形式的數字資產在元宇宙中也很常見。例如，用戶在遊戲中為自己創造的而非購買自官方的家園、新武器等。理論上，這些資產也可以進入市場進行交易流通。可是這些資產一旦被其他用戶複製，其價值就會陷入不穩定的波動。這就需要創建一個針對 UGC 的確權機制，把人們在數字世界裏創造的產品變成一個受保護的資產。

數字
資產

　　元宇宙經濟的第二個基礎是數字資產。資產隱含產權屬性並且是交易的前提。在現宇宙中，人們確權的方式往往是通過登記，比如買房賣房，需要登記明確房屋的所有權原本屬於哪方，轉移給了哪方。只有由人們普遍信任的、不會質疑其公正與權威性的機構進行確權，才能避免發生混亂。元宇宙中創造出來的產品要進行銷售，也必須解決產權歸屬的問題，既要能標記是誰創造的，還得避免數字產品可以被無限複製的難題。在開放的、公平的、完全自治的元宇宙中，人們對數字資產的確權和區塊鏈提供的一套價值體系、區塊鏈的加密體系是密不可分的。區塊鏈提供了數據拷貝受限的解決方案，綜合利用加密算法、簽名算法、共識機制等，確保數據每一次拷貝都被登記在冊，確保數據不被非法篡改、拷貝。

　　這一套完整的機制能夠幫助元宇宙的參與者完成對數字產品的確權，建立數字資產。但不同平台的虛擬產品沒有通用性，不能構成嚴格意義上的數字資產。在 Roblox 提供了遊戲開發平台後，玩家可以自己開發遊戲，在遊戲中創造出各式各樣的數字產品，只要在 Roblox 的平台上，就可以跨遊戲使用。這是一個相當大的突破。

　　區塊鏈構建了元宇宙中數字資產的經濟系統，在所有

區塊鏈完整的機制能夠幫助元宇宙的參與者完成對數字產品的確權。

區塊鏈公司中,數字藏品交易是普遍且重要的應用方向之一。但不同於國外基於以太坊等公鏈,國內的鏈中心化程度更高,更像雲服務,不存在挖礦機制,也因此使用成本低,更適合做海量內容,但中心化的治理,並不改變區塊鏈技術在確權、交易、流通方面的優勢。

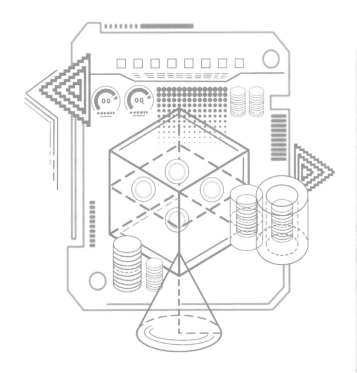

數字
市場

　　元宇宙經濟的第三個要素是數字市場，它代表着數字世界交易的場所和大家必須遵循的規則。

　　數字市場是整個數字經濟的核心，也是元宇宙得以繁榮的基礎設施。有了數字市場，元宇宙中的人就有了盈利的可能。在體驗之餘還能獲得經濟上的收入，是元宇宙成長的奧祕。

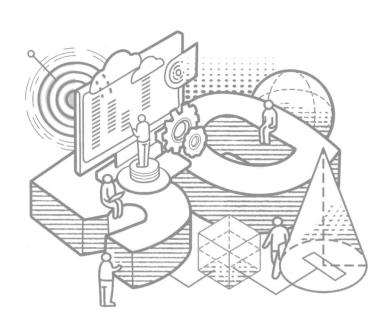

在成熟的數字市場，產品的創造過程和
實際交易都應該是在元宇宙中完成的。

　　元宇宙聯通現實世界和虛擬世界，是人類數字化生存
遷移的載體，提升體驗和效率、延展人的創造力和更多可
能。數字世界從物理世界的複刻、模擬，逐漸變為物理世
界的延伸和拓展。在元宇宙更加深遠的影響人類社會的過
程中，元宇宙也將重塑數字經濟體系。

　　數字經濟蓬勃發展，帶來了幾種類型的市場擴張：
第一種是進行實物交換的電商市場，這是最為我們所熟知
的。第二種市場，交換的是創造內容的工具，如手機上的
應用商店。在這個市場中只有具備特殊性的、能夠創造數
字內容的虛擬數字商品，也就是各種 App 的交換。而第
三種市場中發生的交換，就純粹是數字內容的交換了。例
如，給某段視頻或圖文材料進行「打賞」，在遊戲中「購入」
一棟大樓、一個城鎮、一輛汽車或一套「皮膚」等。在元
宇宙中着重的是第三種，即交換純粹的數字產品的數字市
場。這一類數字市場的雛形已經形成。例如，玩家可以售
賣自己購買的「皮膚」和自己「養起來」的數字寵物等。
但是，這樣的交易並不是在元宇宙內部完成的，依賴外部
的市場，與在遊戲內部直接建立的市場進行的交易有一定
區別。在成熟的元宇宙的數字市場，產品的創造過程和實
際交易都應該是在元宇宙中完成的。

數字貨幣

　　在任何地方買東西都要付錢。元宇宙經濟的第四個要素，是數字貨幣（Digital Currency/Electronic Payment，DC/EP）。交易虛擬的數字產品，用法幣來支付有很多困難，因此元宇宙需要 DC/EP。

　　人類社會在工業時代完成了實物貨幣（黃金、白銀等貴金屬貨幣）向法幣的轉換，元宇宙沒有給法幣留下空間，主要原因在於法幣體系需要銀行的介入，成本高昂，效率太低，已經無法滿足元宇宙經濟發展的需求了。即使是今天，大大小小的遊戲都開發了自己的充值功能，建立了自己的經濟系統。不過，幾乎沒有遊戲支持把遊戲幣再換成法幣的，直到 Roblox 開放了其貨幣 Robux 與美元的雙向兌換，形成影響巨大的示範。

　　現實經濟體系中，貨幣具有價值尺度、流通手段、貯藏手段、支付手段等基本功能。價值尺度功能體現在衡量和標記商品的價格；流通手段等同於交換媒介；貯藏手段是指貨幣長時間存儲起來，依然擁有原來的購買力。法幣的這三個功能不可分割，但是 DC/EP 的應用程度不同，甚至在有些場景中取代了法幣的部分功能。DC/EP 可能不但是元宇宙經濟體系的基礎，更是整個數字經濟的核心。

　　2022 年 1 月，由中國人民銀行發行的數字人民幣

DC/EP 可能不但是元宇宙經濟體系的基礎，更是整個數字經濟的核心。

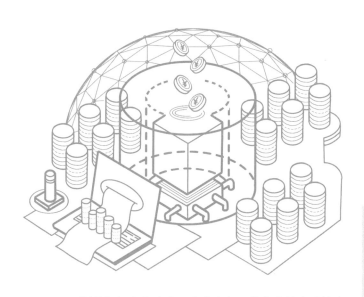

e CNY（試點版）在各大應用商店上架，微信支付也開始支持數字人民幣錢包的開通，意味着數字貨幣開始融入中國百姓的日常生活。

現實社會中用不用 DC/EP 無關緊要，但在元宇宙中則截然不同。元宇宙提供了典型的、大規模的消費級應用場景，這個場景是超越國界的、不分種族的。因此，DC/EP 在元宇宙中的應用，是有助於構建元宇宙經濟體系的，同時元宇宙也是 DC/EP 完成使命的根據地。DC/EP 高度依賴支付場景，試點應用，限定期限內使用 DC/EP 購物。

SWIFT 和
DC/EP

元宇宙作為承載人類虛擬活動的平台，其核心在於承載了虛擬身份與虛擬資產。根植於中心化商業組織的商業基因，決定了其天然傾向於壟斷。而對抗互聯網巨頭等中介機構的天然武器，就是去中心化機制。事實上，這也是未來元宇宙治理中的一種先聲探索：交易不需要銀行和 SWIFT 系統。而 SWIFT 系統直到目前仍然是金融霸權的工具。

SWIFT 是世界銀行間金融電信協會的簡稱，實質是一個信息收發系統，屬於支付指令報文體系，提供信息網絡進行通訊並交換標準化金融報文。其主要負責在國際結算、清算過程中為成員機構提供信息劃轉傳輸服務，扮演的是「渠道」的角色，本身不具備資金撥付、清算功能，並不涉及資金的實際劃轉。但 SWIFT 的背後是穩定的、在國際上廣受歡迎的結算貨幣 —— 美元、歐元，它們是世界上最主要的結算貨幣和儲備貨幣。

DeFi 不會因為個人資產多寡，或身分、職業不同而進行分級，所有人都可以平等地參與，而且支持一方直接發送給另外一方的在線支付方式，無需通過金融機構，恢復了人類歷史上最古老的支付方式——一手交錢一手交貨，沒有中間商賺差價。

DC/EP 也是未來元宇宙治理中的一種先聲探索：交易不需要銀行和 SWIFT 系統。

　　有意思的是，2018 年 11 月 13 日，SWIFT 與區塊鏈公司 SWFT Blockchain 簽署了一項共存協議。SWFT Blockchain 成立於 2017 年，是一種加密貨幣轉賬平台和錢包 APP，可以實現全球不同貨幣在不同用戶和機構之間的金融交易，目前可以在超過 75 種加密貨幣之間進行直接轉賬。這被看作對新舊金融技術共存發展的前景作出了進一步的探索。

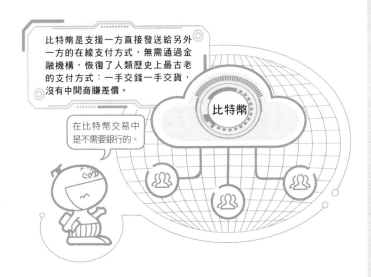

比特幣是支援一方直接發送給另外一方的在線支付方式，無需通過金融機構，恢復了人類歷史上最古老的支付方式：一手交錢一手交貨，沒有中間商賺差價。

在比特幣交易中是不需要銀行的。

比特幣

當各種物品的價值被確定後，元宇宙內的交易就可以開展了。當交易的規模擴展到一定程度之後，它就不可能持續地以一種以貨易貨的形式存在了，基於貨幣的交易將會成為發展的必然。

在元宇宙中如果有貨幣，那麼它本身就是以數字形態存在的，問題的關鍵是，它到底能否有效保證價值穩定，以及能否有效地達到節約交易成本的目的。

一些人認為，在元宇宙當中，以比特幣為代表的 DC/EP 可能會扮演貨幣的角色。它儘管交易效率較低，但交易的安全性卻可以獲得比較好的保證。而反過來，如果放棄了直接使用區塊鏈技術，那麼交易的效率固然高，但交易的安全性則可能會受到影響。

一種或許更為可取的方式是，在每一個元宇宙內部都開發獨立的 DC/EP，未必需要和比特幣一樣建築於區塊鏈技術之上。而為了保證幣值的穩定，它們可以採用某些資產錨定，以資產作為儲配的方式來發行。這裏的資產可以是現實世界當中的貨幣，也可以是一攬子 DC/EP，選取的標準應當以相對穩定的價值為標準。

有人指出，或許可以引入一種抽檢制度，在所有的交易當中按照一定比例抽取部分交易作為檢查，一旦發現交易有造假，則給予重罰。

一種或許更為可取的方式是，在每一個元宇宙內部都開發獨立的 DC/EP。

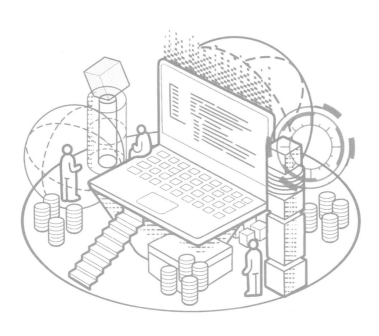

遞增與遞減

在現實世界中，商品的邊際效益往往是遞減的，也就是說，隨着供應的數量增加，單位商品的效益會越來越低。而在元宇宙中，這條法則也被打破了。比如在遊戲中，玩家越多越有趣，遊戲時間越長，獲得的激勵和快感越多。如果邊際效益遞減的法則在數字產品中仍然有效，就不會有網絡和遊戲成癮的出現。

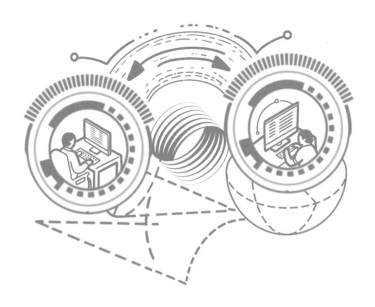

元宇宙構成要素之一是社交系統，存在明顯的網絡效應。

　　恰恰相反的是，元宇宙構成要素之一是社交系統，存在明顯的網絡效應：需求的滿足程度與網絡的規模密切相關。如果網絡中只有少數用戶，他們不僅要承擔高昂的運營成本，而且只能與數量有限的人交流信息和使用經驗。隨着用戶數量的增加，這種不利於規模經濟的情況將不斷得到改善，所有用戶都可能從網絡規模的擴大中獲得了更大的價值。此時，網絡的價值呈幾何級數增長。

　　在現宇宙中，成本曲線呈「U」形——生產時，隨着產量的提升，邊際成本越來越低；但當生產線飽和，再去增加產量，就會面臨生產成本大幅上升的局面。而元宇宙時代，邊際成本遞增的法則被打破了：數字產品的原材料都是二進制的「0」「1」代碼，沒有生產線，沒有工人，沒有倉儲，沒有物流，隨時可以暫停生產，也隨時可以重新投產，它對於不同消費對象而言是不需要成本增加的。也就是說，網絡中的「商品」一旦被創造出來，它的主要成本就已經消耗完成，永遠有效、不會磨損、不需折舊，再生產的成本幾乎為零，繼續利用該「商品」的邊際成本不僅僅是遞減，甚至可以說幾乎為零。

成本趨零

　　市場的運營成本區別於交易成本，前者是為了維護市場的有序、有效運作必須付出的運營、監管等剛性支出，後者是買賣雙方在達成交易的過程中所支付的費用。

　　元宇宙不但將形成新的經濟空間和新的產品服務類型，由於其高度的自組織性，同樣也將形成對現實經濟組織體系的改造和優化。工業時代的經濟體系雖然具有集約、高效、批量化的特點，但由於生產與市場分離導致無效生產和浪費很多，形成經濟的周期性震盪現象，也就是周期性的經濟危機。

　　現實經濟體系中，交易成本越低，市場就會越繁榮，市場的邊界就越大，交易成本有很多種類，高者可能佔合同金額的 20% 甚至更高。而元宇宙可以將人類的生產單元有效地組織起來，參與者可以通過逐漸普及的元宇宙接入端口，實現對虛擬數字設備的操作，並通過數字孿生機制形成對真實設備的遠程控制。所有消費者也同樣可以在元宇宙中進行同步的消費和訂製，形成一種橫跨所有物理空間的同步生產交易體系。由於元宇宙體系遠超真實社會的信息傳遞能力，現宇宙中很多高成本的生產和消費環節，在元宇宙中的成本將趨向最小甚至為零。

元宇宙將形成對現實經濟組織體系的改造和優化。

稀缺的
構建

　　所謂稀缺，指人慾望的無限性和現實條件有限性之間的矛盾。

　　那麼，在元宇宙當中真的不會有稀缺了嗎？當然不是。事實上，即使在元宇宙，稀缺也會存在。而且，它必須存在。「虛擬經濟學」（virtual economics）領域的先驅、美國印第安納大學教授愛德華・卡斯特羅諾瓦（Edward Castronova）曾經對數字條件下稀缺性存在的必然性給出過一個解釋。他認為，稀缺性的存在，其實是人們為了提升在虛擬世界中的體驗而作出的一種人為設定。從人性上看，我們每個人都喜歡擁有自己的個性，而擁有差異化的物品，就是個性在外界的一種投射。正是由於這個原因，即使從技術上看，人們完全可以在虛擬世界中獲得任何自己想要的東西，他們也必須人為地製造出差異化和稀缺來。

　　在類似元宇宙這樣的一個虛擬世界，稀缺並非像真實世界那樣，源自物理規律的限制，而是來自人們的建構。NFT 本質就是可以在元宇宙內創造出差異化、創造出稀缺。在元宇宙當中，人們完全可以對數碼造物實現無限的複製，稀缺本來可以不存在，而藉助於 NFT 技術，每一個物品都可以被打上獨有的標籤，或者被賦予特殊的涵義，

即使在元宇宙，稀缺也會存在。而且，它必須存在。

從而成為獨一無二的東西。這樣一來，稀缺就被製造了出來。

我的 NFT 商品在元宇宙中可以無限複製出售嗎？

NFT 的本質就是在元宇宙內創造出差異化、創造出稀缺，因此 NFT 商品一般都是限量出售。

價格的確定

　　和現實中一樣，人們在元宇宙當中通過不斷地交互，可以逐步摸索出各種物品的相對價值。類似的實踐，已經可以在不少大型的網絡遊戲中看到了。在現在有元宇宙概念的遊戲當中，由於一般都引入了通證體系，所以這種價值的自發演化就會變得更快。在遊戲中，一件物品可以值多少個通證，可以和其他的什麼物品進行交換，都可以在自發當中被安排得明明白白。未來更大規模的元宇宙實踐當然也可以實現類似的過程。

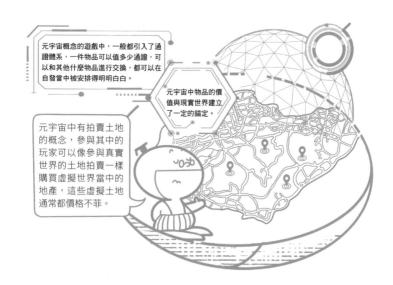

元宇宙概念的遊戲中，一般都引入了通證體系，一件物品可以值多少個通證，可以和其他的什麼物品進行交換，都可以在自發當中被安排得明明白白。

元宇宙中物品的價值與現實世界建立了一定的錨定。

元宇宙中有拍賣土地的概念，參與其中的玩家可以像參與真實世界的土地拍賣一樣購買虛擬世界當中的地產，這些虛擬土地通常都價格不菲。

根據每種物品與現實之間的價值比值，它在元宇宙內部的交換價值也就可以確定了。

元宇宙的經濟系統發展之初，已經是一個前定的存在的現實世界，對元宇宙的影響可能會成為元宇宙價值決定的一個重要影響因素。

事實上，現在很多元宇宙當中的資產都是直接通過直接拍賣來進行初次配置的。比如，在《Axie Infinity》《Decentraland》《Sandbox》等有元宇宙概念的遊戲當中，就都有土地拍賣的概念。參與其中的玩家可以像參與真實世界的土地拍賣一樣，購買虛擬世界當中的地產，而荷式拍賣則是實現這種交易的最重要手段。從交易的結果來看，這些虛擬土地的價格通常都價格不菲。2021年6月，《Axie Infinity》的9塊虛擬土地以888.25以太坊（ETH）的高價出售，根據以太坊當時的價格，這批虛擬土地的成交價格約為150萬美元；而2021年7月，《Sandbox》上面積超過530萬「平方米」（這裏的一個平方米指的是一個24×24的點陣）的虛擬土地以近88萬美元的價格出售。

很顯然，通過上述的拍賣，元宇宙中物品的價值就可以很容易地與現實世界建立一定的錨定。而根據每種物品與現實世界之間的價值比值，它們在元宇宙內部的交換價值也就可以確定了。

生產與
消費

　　市場通過數字化進程的理想情形是企業能夠整體地洞察需求端，因此企業能夠匹配到每個人的需求，將資源匹配到市場上，從而更有針對性、定製化、細粒度地按需生產。

　　在元宇宙中，流通環節數字化，中間環節都不存在，不存在任何一個環節的信息不暢的問題，提高了效率。元宇宙中生產和消費是統一的。

　　在元宇宙裏，每個人都是行走的廣告，是身上所有產品的代言人，這將直接顛覆目前大熱的直播賣貨模式，因為我們面前滿是各類型個性化的產品模特。我們絲毫不用擔心商家用 NPC 刷好評，因為只有現實世界的人才有數字身份和 ID。

　　至於信用，在未來的元宇宙中，參與者自己是數字化的，信用就是數字化行為的總和。一切行為都是被記錄的，都是可以被追溯的，任何行為都將直接與行為人的信用掛鈎，因此行為就構成了信用。

　　在元宇宙中，一切規則都是由軟件來定義的，交易的邏輯、安全性、行為步驟都必須經過技術手段的確認，過去的第三方監管被自組織、自管理、自監管取代。例如，區塊鏈技術中的智能合約、代碼設計成為各參與主體共同

每個人都是行走的廣告，是身上所有產品的代言人。

確認的形式，任何人在設定的節點之外根本無法篡改，一切行為都是被設定好的，只能被完整執行。在這種共識機制下，行為人如果要進行交易，就必須根據軟件定義的規則行動。交易必須符合軟件定義的信用，「強制」性地讓參與各方的信用得到保障，使行為與信用得到統一。

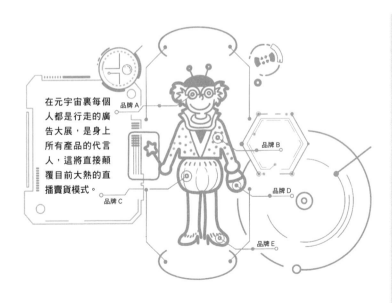

在元宇宙裏每個人都是行走的廣告大展，是身上所有產品的代言人，這將直接顛覆目前大熱的直播賣貨模式。

品牌 A
品牌 B
品牌 C
品牌 D
品牌 E

邊玩
邊賺

元宇宙當中，有哪些是重要的生產要素呢？研究者認為，比較關鍵的可能有兩樣，一是勞動，二是算力。

與元宇宙相關的勞動可以分為很多種：第一種是在元宇宙經濟體系內的勞動。作為一個虛擬的空間，元宇宙的價值很大程度上取決於其給人的體驗。而為了保證這種體驗，元宇宙中就需要安排一些專門用於和人交互的 NPC。當然，這種 NPC 由誰來當，就是一個選擇。一個方案是專門找一些人來扮演 NPC，那麼 NPC 和人的交互活動就形成了一種勞動，這樣的勞動也需要得到報償。第二種是支撐元宇宙的勞動。如前所述，元宇宙要運轉好，需要很多相應的技術支撐。這些勞動，儘管不發生在元宇宙內部，它們對元宇宙的發展卻是必不可少的。第三種則是發生在元宇宙內部的勞動。例如，真實世界的打工人轉戰元宇宙，這些活動只是發生在元宇宙內部，但它們依然是真實世界勞動的延伸。

對於以上三類勞動，第一種毫無疑問應該用元宇宙內部的通證來激勵。事實上，在《Axie Infinity》等具有元宇宙概念的遊戲中，已經提出了「邊玩邊賺」（play to earn，簡稱 P2E）的概念。第二、三類勞動嚴格來說都是元宇宙之外的，因而他們的報酬可以通過真實世界的貨

幣，也可以通過通證來結算。

至於元宇宙發展所需要的算力，則可以通過仿照比特幣網絡的做法，以工作量證明來分配一定的通證作為回報。

與元宇宙相關的勞動

① NPC 和人的交互活動

② 支撐元宇宙的勞動

③ 元宇宙內部的勞動

代碼即
法律嗎？

在元宇宙的世界中，你不知道對面是什麼人，不知道對方的目的，你也不知道自己在對方眼裏是什麼樣的角色。尤其是在創世者的放縱和不作為中，本身可能擁有美好夢幻設定的純淨世界，很可能會被污染成新的犯罪溫牀。

走向
反面

　　谷歌成立後，公司創始人之一阿米特·帕特爾（Amit Patel）和一些早期員工擔心，當商業人士加盟技術驅動的谷歌之後，他們未來可能出於客戶的要求不得不更改蒐索結果排名，或者在一些他們不願意開發的產品上付出精力。1999 年，谷歌發佈了「完美的蒐索引擎，不作惡（Do not be evil）」的企業宗旨。谷歌創始人的一封公開信中說：「不要作惡。我們堅信，作為一個為世界做好事的公司，從長遠來看，我們會得到更好的回饋——即使我們放棄一些短期收益。」這封信後來被稱為「不作惡宣言」。然而，谷歌的廣告部門卻主動幫助賣假藥者規避合規審查，導致假藥、走私處方藥、非法藥物（如類固醇）的廣告網頁在蒐索結果中大量出現。後來此案由 FBI 調查，谷歌被罰款五億美元。2015 年，谷歌將其宗旨改成了「做正確的事（Do the right thing）」。

　　Facebook 也不遑多讓，澳大利亞政府要 Facebook 為澳大利亞媒體原創的內容付費，結果 Facebook 直接屏蔽澳大利亞所有媒體。此外，某些比谷歌和 Facebook 走得更遠的蒐索引擎公司，也沒受到任何懲罰。發明網頁瀏覽器的蒂姆·伯納斯－李被尊稱為互聯網之父，他認為，當下互聯網的發展已經背離了初衷。開放、平等本來是互聯

今天猶如數據黑洞般的大型互聯網平台
公司，吞噬一切數據，形成壟斷霸權。

網發展的初心，但今天猶如數據黑洞般的大型互聯網平台
公司，吞噬一切數據，形成壟斷霸權，利用中心節點的信
息優勢，開始剝奪人們自由、平等獲取數據的權利。

在元宇宙來臨之前，所有這些互聯網巨頭們都活成了
他們自己討厭的模樣——作為巨無霸型「中介」，形成了事
實上的壟斷。希望在元宇宙中有一種合理的治理機制，讓
「不作惡」真正成為一個必須得到實踐的原則。

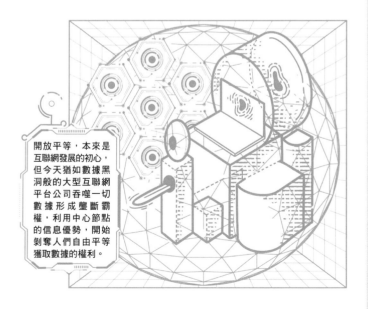

開放平等，本來是互聯網發展的初心，但今天猶如數據黑洞般的大型互聯網平台公司吞噬一切數據形成壟斷霸權，利用中心節點的信息優勢，開始剝奪人們自由平等獲取數據的權利。

治理
原則

　　元宇宙中分身的後面除了肉身，還有與其他分身、虛擬 IP 甚至 NPC 虛擬人的關係，這些需要被有效地治理。

　　我們已經進入一個與虛擬 IP 甚至 NPC 虛擬人同台競技的時代，三者之間的界限越來越模糊，法律和倫理風險都開始出現。結合數字治理與人工智能治理的經驗，研究者提出了應對其社會倫理衝擊的治理原則，主要包括以下幾點：

　　一、分類治理。元宇宙在技術上是一個集合概念和集成創新，目前可以將元宇宙中相對嚴肅的經濟社會生活與遊戲娛樂作必要的區分。在此基礎上，根據其規模和具體影響，尋求合適的治理路線。

　　二、平衡虛實。虛擬世界、鏡像世界和增強現實的建設最終是為了讓現實社會生活更有意義和更有效率，不應完全用虛擬人生替代真實人生，強調虛擬與現實邊界的存在。

　　三、綠色、幸福與繁榮。元宇宙的建構要以自然環境可持續、個人生活幸福和社會團結繁榮為最終目標，其構建要考慮環境和資源的約束，將節約資源作為衡量其品質的重要指標；虛擬社羣要引入必要的自治機制，以避免極端化的團體思維和社會分裂。

「法律 + 技術」的規制思路，可能契合現實世界的法律規則與數字世界的自治規則。

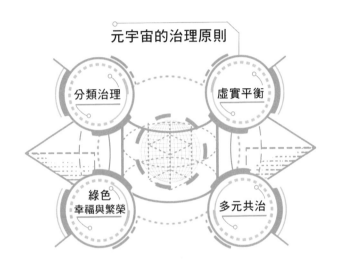

元宇宙的治理原則

分類治理

虛實平衡

綠色
幸福與繁榮

多元共治

四、多元共治。一方面國家自上而下的治理架構應與企業和行業自下而上的自律和自適應治理相結合，另一方面，現實世界的干預應與虛擬世界的自治相結合，應在事件導向的處理與制度化的治理、促進創新和消費者保護之間保持適度的張力。

五、法律 + 技術。技術成為規則的一部分，則是网絡時代的產物。元宇宙的治理也要充分考慮新的挑戰，建構「法律 + 技術」的規則體系，它可能契合現實世界的法律規則與數字世界的自治規則。

以人 為本

元宇宙如果要拓展內部虛擬空間，必須在現實物理世界和數字虛擬世界之間、多重數字虛擬世界之間、現實物理世界的不同主權國家之間實現底層技術的標準統一，並最好能夠實現自然人和虛擬人的信息在上述所有空間的自由跨界／跨境流動。這就需要以人為本的治理。

一方面，元宇宙需要現實世界大部分甚至所有主權國家達成共識，並形成統一的技術和規則體系；而另一方面，如果大部分甚至所有主權國家合力建設元宇宙，則非常有可能出現一個整合虛實兩重世界力量的「超級利維坦」。如何在這兩者之間實現最優的平衡，需要各個主權國家形成某種平衡性的共識，並為未來元宇宙的建設與發展確立現宇宙的全球性法律架構。主權國家和國際組織不能夠及時明確自己的法律立場，元宇宙就有可能會處於一種無序開發、野蠻生長的地步。

英國薩里大學的法學教授瑞恩·艾伯特在其《理性機器人：人工智能未來法治圖景》一書中，提出了非常具有借鑒性的「人工智能法律中立原則」。他主張，我們需要一個新的人工智能法律中立原則，其宗旨是在「以人為本」的前提下，要求法律不歧視人工智能，避免給人工智能的發展製造不必要的障礙，並最大可能地通過發展人工智能

元宇宙的法律中立原則應當堅持「以人為本」。

來提升人類福祉。

　　元宇宙的法律中立原則應當堅持「以人為本」。只有儘快發佈元宇宙建設倫理 / 法律規範，包括保護個人數據與隱私、保護消費者和用戶的身心健康尤其是青少年身心健康、保護用戶免受操控、平衡虛擬世界中的權利責任關係、保護虛擬世界中的公有空間和公有物品、避免和減少逃避現實與社會孤立現象、共同構建虛擬世界等等。

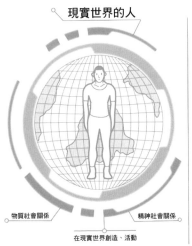

現實世界的人

物質社會關係　　　精神社會關係

在現實世界創造、活動

元宇宙的人

虛擬資產　　　虛擬身份

在元宇宙中創造、活動

模式
對比

現宇宙中典型的治理模式是中心化組織＋監管機構，而元宇宙中，區塊鏈技術可以實現去中心化組織＋智能合約自治的模式。

美國哈佛大學法學院教授勞倫斯・萊斯格在 1999 年的開創性著作《代碼及網絡空間的其他法律》中提出「代碼即法律」。元宇宙是由計算機硬件和軟件系統（代碼）建構出來的，諸多代碼中包含一項至關重要的底層技術──區塊鏈。自問世以來，因其去中心化的分佈式記賬特徵，它就成為了一種「信任機器」。

元宇宙具有社會屬性，其中出現的交易通常簽署智能合約──一種由計算機代碼表述並自動執行的合同，其履行由區塊鏈架構予以保障。

以區塊鏈分佈式賬本和「全國電影票務綜合信息管理平台」的對比為例。製作方、發行方、院線都是電影區塊鏈上的節點，票務銷售數據的「賬目」全部上鏈保存，任何一方都不能修改票務銷售數據的賬目。「賬目」權威性，足以用來作為各方分配的依據。監管手段採用智能合約，各種細則統一用代碼的形式實現。如果觸發（違反規則）則自動執行（處罰）。區塊鏈的治理模式是行之有效的模式。

元宇宙中，區塊鏈技術可以實現去中心化組織＋智能合約自治的模式。

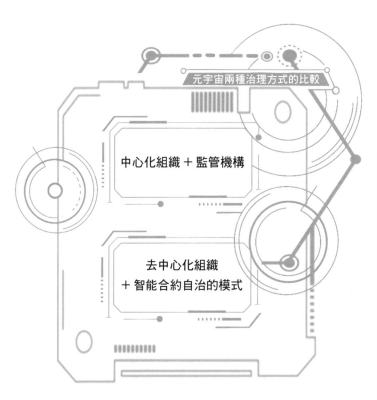

元宇宙兩種治理方式的比較

中心化組織＋監管機構

去中心化組織
＋智能合約自治的模式

什麼是
DAO

　　Epic Games 的創始人、虛幻引擎之父蒂姆·斯維尼 (Tim Sweeney) 曾提到：「元宇宙將比其他任何東西都更普遍和強大。如果一個中央公司控制了這一點，他們將變得比任何政府都強大，成為地球上的神。」

　　這必然是一種大家無法接受的未來。然而一個龐大的數字世界必然有大量的程序規則，如果不是一個中央公司，又能由誰來制定和執行元宇宙的規則呢？在元宇宙發生的爭端要到哪裏解決呢？如果到現宇宙來解決，到底要依據哪個國家的法律呢？

　　解決的方法可能是將治理權交給社區，交給參與者，依靠 DAO。

　　DAO 的全稱是 Decentralized Autonomous Organization，也就是去中心化自治組織。無論是比特幣、以太坊，還是 Defi、投資型 DAO，其得到信任的原因不僅是區塊鏈技術實現了「代碼即法律」，更離不開 DAO 擁有自治權：成員可以事先投票決定好整個組織的行為準則，然後以智能合約的方式發佈在區塊鏈上，智能合約一旦發佈就會持久運行，並且沒有任何人能夠私自篡改。換句話說，所有參與者都成為治理者，也更積極地負起責任，是 DAO 最大的意義。

DAO 的全稱是 Decentralized Autonomous Organization，也就是去中心化自治組織。

比特幣網絡就是最簡單的 DAO，任何人都可以隨時加入網絡，成為節點並提供算力保障賬本安全。以太坊進一步支持智能合約，使得去中心化執行的通用計算成為可能。在此基礎上衍生出的各類應用均基於代碼規則的 DAO 而實現。DAO 保障了規則有序制定、執行，為構建以 5G、物聯網、AI、雲算力為底層的元宇宙提供了可能。

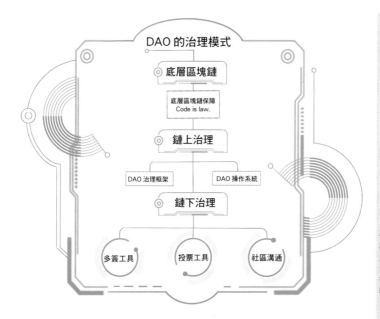

智能
合約

在未來元宇宙中的智能合約中，算法取代了銀行的位置。利用智能合約，商業流程變成：第一，開發智能合約，鎖定買方的部分資金，確保有足夠的資金用於支付貨款；第二，賣方發貨；第三，智能合約自動確認收貨信息，收貨一旦確認自動執行智能合約中約定的轉賬協議，自動向賣方賬戶轉入提前鎖定的資金。智能合約取代了銀行和共管資金賬戶的功能。

智能合約之所以成立，就是因為基礎的交易環節都在區塊鏈上完成，每個交易環節都被精確記錄並且不能修改。我們把以太坊和比特幣作一對比，就會發現：比特幣網絡認證了相對單一的交易行為，而以太坊因支持智能合約，礦工在挖礦確定記賬權的同時，需要執行合約並將結果同步至全網。智能合約本身的可拓展性決定了 DAO 的多樣性。

以太坊 DAO 保障了智能合約能夠確定性執行，為 Code is Law 打下平台基礎。開發者可以自由地創建、部署合約，以太坊礦工在挖礦的同時，需要通過虛擬機執行合約程序，並由新的數據狀態產生新的區塊，其他節點在驗證區塊鏈的同時需要驗證合約是否正確執行，從而保證了計算結果的可信。智能合約總是以預期的方式運行，交易

智能合約之所以成立，就是因為基礎的
交易環節都在區塊鏈上完成。

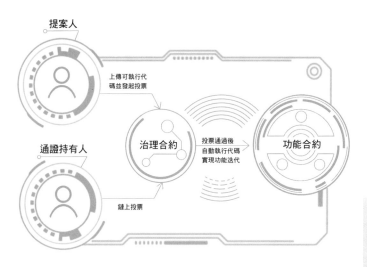

提案人

上傳可執行代
碼並發起投票

治理合約

投票通過後
自動執行代碼
實現功能迭代

功能合約

通證持有人

鏈上投票

可追蹤且不可逆轉。以太坊上的智能合約公開透明且可以
相互調用，保障了生態的開放透明。

以太坊和比特幣一樣，是開源在 Github 上的代碼集。
不斷有人在以太坊底層升級貢獻代碼；不斷有人基於以太
坊生態開發各類創新 DAPP；不斷有人採購礦機為以太坊記
賬投入硬件資源，而這些行為並非某一家或者幾家公司的
支配與調度，而是所有參與者為共同的目標和利益而貢獻
力量。開放的元宇宙生態保證所有參與者公平參與，也是
長期繁榮的基礎。

鏈上和
鏈下

　　在區塊鏈構成的去中心化世界中，正在構建新的治理
模式。根據治理的實現方式，可以分為鏈上治理和鏈下治
理：前者將治理程序寫入智能合約平台中，用戶與合約交
互，社區投票和結果執行都由智能合約自動執行，真正實
現「代碼即法律」；而鏈下治理則是通過投票工具、多簽
錢包、社交網絡等工具，實現開發團隊與社區的制約，使

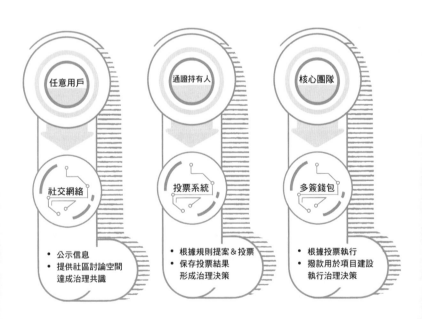

任意用戶	通證持有人	核心團隊
社交網絡	投票系統	多簽錢包
• 公示信息 • 提供社區討論空間 　達成治理共識	• 根據規則提案＆投票 • 保存投票結果 　形成治理決策	• 根據投票執行 • 撥款用於項目建設 　執行治理決策

鏈上治理在於投票和結果執行完全去中心化，鏈下治理更多依靠工具實現社區對開發團隊的弱約束。

得開發團隊遵循社區投票結果，這是一種弱約束的治理模式，但給發展中的項目帶來了更快的開發效率與更高的靈活度。

初期會採取鏈下治理，決策的集中會給項目發展更大的靈活性。但隨着項目的成熟與功能穩定，項目會轉向完全去中心化的鏈上治理，真正實現代碼約束下的自治。

鏈上治理並不受任何主體影響。但鏈上治理存在三大缺點：「慢」「貴」「局限性」。

其中，「局限性」指鏈上治理的目標對象只能是鏈上的代碼，這就需要通過工具實現的權力制衡 —— 鏈下治理。

1. 投票並存證上鏈，由開發團隊根據投票結果進行開發。2. 社區核心成員通過多簽錢包管理社區金庫，並公示金庫地址受社區監督。3. 社交網絡工具實現信息同步。鏈下治理並沒有實現「代碼即法律」，而是通過工具輔助、信息公開、核心成員的聲譽以及 Token 持有人的「用腳投票」（即隨時可以將投資轉移到其他項目）實現了制約。對於大多數的項目來說，目前的社區自治均是通過幾個中心化及去中心化組件的協作及配合達到社區治理的目的。

執行與
修改

　　區塊鏈的世界中，代碼就是法律。修改代碼意味着修改法律。有一套相應的流程，確保代碼修改符合整體的利益。這裏用以太坊為例，說明代碼修改的治理過程。

　　網絡的各個方面理論上都可以改變。與我們在現實世界中所遵守的社會契約不同的是，在去中心化網絡中，如果參與者對網絡的最新變化不滿意，他們每一個人都可以選擇「憤怒退出」（ragequit），從而離開，繼續使用他們自己的備用網絡。

　　實現軟件更改的過程與現實世界中通過新法律的過程非常相似。在現實世界中存在着各種利益相關者。把以太坊作為一個例子，其主要的利益相關者包括：

　　用戶：持有 $ETH 並使用以太坊應用程序的終端用戶、加密貨幣交易所、在以太坊之上構建應用程序的開發人員。

　　礦工：運行服務器場以驗證交易並保護網絡（從而獲得以太幣）的個人或企業實體。

　　以太坊核心開發人員：為節點軟件做出貢獻並參加各種技術論壇的開發人員和研究人員，他們通過衡量社交媒體、會議或文章上的情緒來聆聽最終用戶的需求。當許多用戶要求某種功能或更改協議時，他們將考慮這些建議。

　　以太坊的治理是一種軟治理，其中許多協調都在「鏈

以太坊的治理是一種軟治理,其中許多協調都在「鏈下」進行。

下」進行,並且在功能合併到客戶端之前評估對提案的支持。但是,最終網絡的參與者都會在鏈上做出接受或拒絕新軟件的決定。

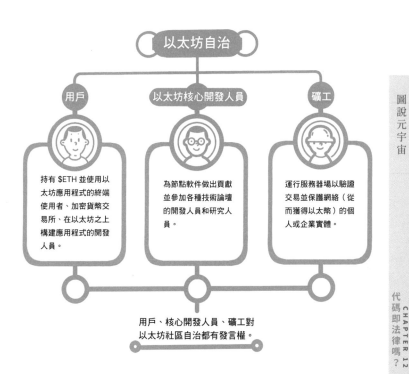

對 DAO
立法

　　目前，在虛擬現實平台 decentraland 中，就存在一個分散的自治組織 DAO，用戶可以在這裏投票並且決定平台運行的政策和規定。

　　同時，一個具有歷史性意義的重要法律事件是，DAO 這種去中心化組織於 2021 年 4 月 21 日在美國懷俄明州得到立法保護。該法案的全稱是《懷俄明分佈式自治組織法案》（Wyoming Decentralized Autonomous Organization Supplement）。懷俄明州的 DAO 法案有幾個亮點：其一，該法案將 DAO 定義為一種有限責任公司，除非該法案或者州務卿另有規定外，由該州的有限責任公司法予以規制 —— 這意味着，一方面明確了 DAO 的合法地位，適用於已經存在的有限責任公司法。其二，該法案明確算法治理與人工治理並行，都屬於合法的治理方式。這也意味着，技術治理成為一種新的治理方式。其三，該法案明確了智能合約的法律構造，主要是涉及成員之間的權利和義務。最後，該法案明確了 DAO 應當被強制解散，以及可以被解散的情形。

　　對於懷俄明州 DAO 法案的發佈，我們可以從不同的角度進行解讀。一方面，作為元宇宙自治基石的 DAO 得到了真實世界法律的保護，由此得到了進一步發展的更好機

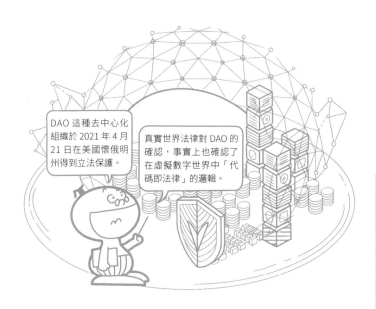

會。反過來講，如果沒有真實世界法律的保護，元宇宙內部的自治也可能只是沙灘上的樓閣。當然，無論是何種涵義，真實世界法律對 DAO 的確認，事實上也是確認了在虛擬數字世界中「代碼即法律」的邏輯。

CHAPTER 12
代碼即法律嗎？

DAO
的風險

　　有研究者認為，DAO 的應用至少蘊含着以下四方面的治理風險：首先，安全漏洞與技術缺陷，可能導致治理失靈與新的無政府狀態；其次，去中心化交易及監管缺失，會侵犯現實世界與主權國家的法律準則；再次，投票機制所寓意的「直接民主」和「全員參與」，不排除極低的投票率，因為並不是所有玩家都有意願和能力來審議所有提案。最後，自助式、無國界的治理，一方面帶來原子化社會與公民性的喪失，另一方面也引起公共事務治理的快消化、遊戲化與非權威化，話語體系和導向受到創世者的商業模式和算法以及早期用戶的模式影響，存在認知固化、「信息繭房」「回音室效應」「過濾氣泡」向深層次發展的風險。

　　DAO 和 DeFi 的概念都很美好，也正值高速發展的階段，但同時也存在一定的風險，2022 年 2 月，DeFi 平台 Wormhole 遭到黑客攻擊，損失了上億美元。正如《以太奇襲》（The Infinite Machine）一書為以太坊下的註解：「你可以控制程序（指以太坊），但沒有辦法控制人性。」

　　在這個意義上而言，元宇宙中的去中心化（分權）治理與中心化（集權）治理是存在悖論的：一方面，存在區塊鏈技術和 DAO 組織這樣的去中心化治理機制，以便元宇宙的參與者能夠實現最大程度的自主和自由；但另一方

悖論：元宇宙需要一個中心化的機制來提供最底層的技術統籌，並扮演秩序的主宰和最高權威。

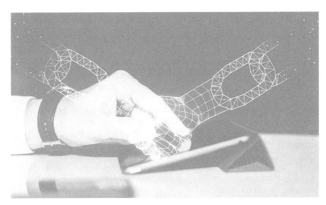

DAO 的治理風險

面，一定也需要一個中心化的機制來提供最底層的技術統籌，並在缺乏外在干預時，扮演元宇宙秩序的主宰和最高權威——這個角色通常由元宇宙的開發運營者來承擔。

META 就是一個典型的例子。扎克伯格一直堅持以「治理」的邏輯和理念，來管理平台並塑造自身形象，甚至嘗試建立類似立法機關的下屬機構。它通過疑似影響選舉、「封殺」川普等行為，展現了對現實政治的影響力。但同時，Facebook 所服務的對象，依然是以扎克伯格為首的公司股東，無論它如何標榜「民主機制」，股東的投票權和利益顯然更為重要。

監管與
自由

　　實現監管與自由的統一，在於虛擬世界的良好治理。

　　比特幣是秉承着極端去中心化的思想建立的第一個社區自治的實驗，但是從其發展歷程來看，並沒有實現創始人最初的理想。比特幣沒有成為嚴格意義上的數字貨幣，只是第一個加密的數字資產。這是一個由代碼決定的完全自由的世界，但最終還是要面對被操縱的現實。2021 年

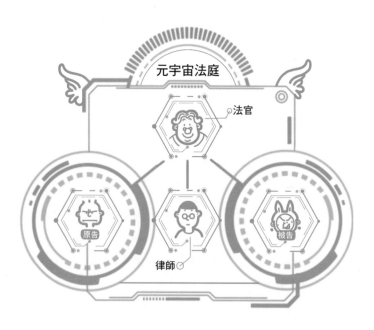

不論在什麼市場中，道德風險、投機行為都是難免的。

2 月，特斯拉購買了 15 億美元的比特幣。3 月，馬斯克在社交媒體上宣佈可以使用比特幣購買特斯拉，消息一經提出，比特幣的價格一度達到 64000 美元每單位。到了 5 月，特斯拉又宣佈關閉比特幣的支付渠道，比特幣暴跌近 50%。這其實是操縱比特幣市場的一個案例。如果在現實世界，馬斯克必定會受到處罰。但反壟斷法對於比特幣不適用。

　　不論在什麼市場中，道德風險、投機行為都是難免的。如果沒有監管，用戶的自由是得不到保障的，平台有可能通過數據優勢、技術優勢人為地製造信息不對稱而造成壟斷，限制市場參與者的經濟自由。因此，需要監管作為「懲戒棒」來確定邊界、維持穩定的環境、明確參與各方的義務與責任。不過，在虛擬世界發生的爭議，相關證據資料如何拿到真實世界的法官面前進行辯論，也會是讓律師頭痛的問題。或許有一天元宇宙的爭議就在元宇宙中解決，律師、法官及原告、被告都戴着 VR 眼鏡，以虛擬分身在元宇宙法院中進行訴訟攻防。

違法
溫牀

2021 年 11 月 26 日，臉書改名為 META 沒多久，一名「地平線世界」的測試者報告，她在這個虛擬世界中被一個陌生人觸碰了一下。類似的騷擾早在 20 世紀 90 年代的網絡聊天就發生過，只不過那個時候用的是文字。在遊戲世界中這種事情也時有發生。由於目前故意殺人罪、故意傷害罪、強姦罪、強制猥褻罪等犯罪要求犯罪對像是現實中的自然人，虛擬人雖然從理論上是可永生的，但其並不具有現實中的生命，故按現有法律規定不可能構成上述罪名。針對這一問題，2022 年 2 月，META 公司宣佈將推出「個人邊界」（Personal Boundary）功能，即在虛擬人物身邊建立圓圈範圍，對他人保持安全距離，以避免不必要的觸碰與互動。

華盛頓大學研究網絡騷擾的凱瑟琳‧克羅斯（Katherine Cross）指出，虛擬現實空間在本質上具有欺騙性，它的設計思路就是讓用戶誤以為自己的每一個身體動作都發生在三維空間環境裏，使得人的內心在虛擬現實中會產生與物理空間中相同的神經活動和心理反應，而這也是人們在虛擬空間中遇到騷擾情緒會更強烈的部分原因所在。

人性惡的成本在元宇宙中被無限降低。這和人們所說的「在網絡上，你甚至不知道對面是人是狗」是一個道理。

DAO 自治模式不足以應對人性之惡和創世者之惡。

在元宇宙的世界中,你不知道對面是什麼人,不知道對方的目的,你也不知道自己在對方眼裏是什麼樣的角色。尤其是在創世者的放縱和不作為中,本身可能擁有美好夢幻設定的純淨世界,很可能會被污染成新的犯罪溫牀。

2022 年 2 月,Meta 公司宣佈將推出「個人邊界」功能,即在虛擬人物身邊建立圓圈範圍,對他人保持安全距離,以避免不必要的觸碰與互動。

私密和
健康

在元宇宙中，對人的行為和生物特徵數據的採集和分析將成為其運行基礎。根據美國斯坦福大學 2018 年的一項研究，在虛擬現實空間中停留 20 分鐘，會留下大約 200 萬條眼球運動、手部位置和行走方式等數據。單對眼球運動的監測，就可以通過每一刻的視線位置、眨眼次數、瞳孔張開程度等詳細的生物特徵數據來了解人的心理狀態和疲勞程度。

如果元宇宙真的將引領深度數字化的未來，就不能不對人的心智或大腦在虛擬環境中的可塑性、虛擬行為對人的行為與身份認同的深度操控以及虛擬沉浸和虛擬分身對人的認知和心理的長期性影響等問題，進行深入研究，進而為人類的虛擬活動劃定一個身體與認知安全的界限。

如果在元宇宙時代，漢斯·莫拉維克和雷·庫茲茲韋爾等以計算機為媒介的永生之夢可以成真，那麼在資源稀缺的情況下，尤其是在最開始的迭代階段，誰將可以享受這種不朽？

凡是稀缺的東西，都是競爭和衝突的種子，即使稀缺只是一種認識。2013 年好萊塢有一部名為《她》(Her) 的科幻愛情電影，男主角竟驚覺：本來以為自己私享的人工智能戀人，其實同時和世界上成千上萬的人在虛擬世界裏

談着戀愛。這一幕，仿佛是一個預言，預示着元宇宙可能出現的衝突前景。

作為科技社會試驗的元宇宙不是單純的技術創新，而是一種複雜的技術社會複合體和人造世界，其所帶來的倫理衝擊的本質是人與技術在價值層面的深層次衝突，而如何回應這些衝擊並做出恰當的價值權衡與倫理構建，恰恰是元宇宙從 0 到 1 創新中的內在環節。

意識
操控

元宇宙中的主體不過是人們的分身，人性中善的一面可以被激發，惡的一面同樣也可以被放大。有些問題，並不是代碼可以解決的。

虛擬和增強現實技術逼真度的不斷提升，帶來虛擬和現實的混淆與界限消弭，加之人工智能偽造和腦機接口技術的採用，這些威力強大的技術的濫用，可能帶來偽造事實和意識操控等問題。比如它們很容易被用來混淆偽造，甚至虛構對特定事件和歷史的虛假集體記憶，從而干預人們的社會認知，操控人的意識和精神。可以預見，由元宇宙技術所形成的觀點極化、信息繭房等反智主義和認知偏差將更為頑固，更難於破解。

「深度偽造」這一詞起源於 2017 年 12 月，一個匿名用戶在 Reddit 上自稱「deepfakes」，藉助深度學習算法，他將色情內容中的演員用斯佳麗、蓋爾加朵等名人進行了替換。雖然隨後他就被 Reddit 封殺，但是在其他平台上快速出現了一大波模仿者，藉助人工智能技術對素材進行修改或者再生，深度虛假不僅包括了假視頻和假圖片，還包括假音頻。削弱公眾對新聞業的信任只是其嚴重影響的一個方面，數字社區的治理更將全面受到影響。

有些問題，並不是代碼可以解決的。

資產
保護

　　《星戰前夜》（EVEOnline）是由冰島 CCP 所開發的大型多人線上遊戲。玩家可以駕駛自行改造的船艦在數千個行星系中穿梭、遨遊。行星系中包含行星、衛星、太空站、小行星帶等各種各樣的物體。通過星門，各個行星系得以連接。這款遊戲摒棄了傳統的以計算機人工智能為基準建立的遊戲設計理念，而把人與人之間的互動提升到了前所未有的高度，可以說是科幻世界中的元宇宙。在遊戲中，玩家可以自發組織成軍團，軍團成員可以互相扶持、互相保護，擁有共同財產。

　　2005 年發生了一件被記入遊戲史的大劫殺事件。故事的主人公是 Ubiqua Seraph 軍團的 CEO Mirial，她和往常一樣，在最信賴的副手陪伴下進行着遊戲，結果卻遭遇了另一個軍團 GHSC 的伏擊。為了能夠贏得這場伏擊，GHSC 花費了一年多的時間，在 Ubiqua Seraph 軍團中安插埋伏了大量間諜，以獲取 Mirial 的信任，並且籌劃了這場大劫殺。最終，這場劫殺劫掠的 Ubiqua Seraph 軍團財產折合約 16500 美元，也讓 Mirial 自己的賬號蒙受了巨大的損失。根據遊戲規則，這是合法的，並沒有人因此而受到懲罰。

　　Epic 公司的 CEO 蒂姆・斯威尼說：「我們不僅要建立

這個體系必須制定規則，確保消費者得到公平對待，避免出現大規模的作弊、欺詐或詐騙。

一個 3D 平台，建立技術標準，還要建立一個公平的經濟體系，所有創作者都能參與這個經濟體系，賺到錢，獲得回報。這個體系必須制定規則，確保消費者得到公平對待，避免出現大規模的作弊、欺詐或詐騙，也要確保公司能夠在這個平台上自由發佈內容並從中獲利。」

CHAPTER 13

ChatGPT 會是
神助攻嗎？

元宇宙需要大量數字內容來支撐，單靠人工來設計和開發根本無法滿足需求。以 ChatGPT 為代表的 AIGC 可以自動生成文字、圖片、音頻、視頻，甚至 3D 模型和代碼，將極大推動元宇宙的發展，元宇宙中更多的數字原生內容將由 AIGC 來完成創作和發展。

此消彼長還是唇齒相依？

2023 年，元宇宙與人們的生活越來越近。3 月 13 日，元宇宙電影《瞬息全宇宙》拿下了第 95 屆奧斯卡金像獎的最佳影片、最佳導演、最佳女主角等 7 項大獎，成為年度最大贏家。這使得元宇宙概念更加風靡全球。

然而，更重大的年度事件則是 ChatGPT 的全球出圈。ChatGPT 上線 5 天用戶數量就突破百萬，僅僅兩個

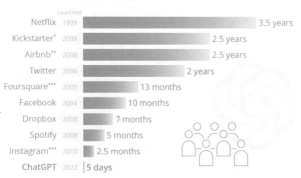

ChatGPT Sprints to One Million Users

Time it took for selected online services to reach one million users

	Launched	
Netflix	1999	3.5 years
Kickstarter*	2009	2.5 years
Airbnb**	2008	2.5 years
Twitter	2006	2 years
Foursquare***	2009	13 months
Facebook	2004	10 months
Dropbox	2008	7 months
Spotify	2008	5 months
Instagram***	2010	2.5 months
ChatGPT	2022	5 days

* one million backers ** one million nights booked *** one million downloads
Source: Company announcements via Business Insider/Linkedin

如果將元宇宙看作一池春水，ChatGPT
無疑是盛開於水面上的一朵蓮花。

月用戶破億，成為史上最快突破 1 億的軟件，排名第二的
Instagram 達到 1 億用戶用了 2.5 個月，而第三名 Spotify
則花了 5 個月的時間。

在人們普遍關注 ChatGPT 新技術將對人們工作、生活
產生的影響時，Meta、微軟、PICO、騰訊等產業巨頭，不
約而同地優化調整自身的元宇宙佈局，釋放「注重人工智
能技術開發」信號，也引起對 ChatGPT 和元宇宙二者關係
的討論。未來，二者究竟是此消彼長還是唇齒相依？

ChatGPT 的出世，實際意味着信息技術發展又一次來
到奇點時刻。它與元宇宙都是基於現代數字技術的不斷積
累與叠代更新，在應用場景上多有重合，以便利的數字化
應用服務於人們。一方面，人工智能是元宇宙的典型特徵
之一，在技術應用上師出同宗；另一方面，元宇宙的概念
和終極目標更為宏大，後者作為語言類 AI 技術的先進代
表，是這一宏大目標中的一塊，將為元宇宙打開新的快速
發展通道。如果將元宇宙看作一池春水，ChatGPT 無疑是
盛開於水面上的一朵蓮花。相信 ChatGPT 隨着進一步成
熟，將為元宇宙的普及和應用增加更多光彩。

何為
ChatGPT ?

　　從 ChatGPT 構詞看，Chat 直譯為「聊天」，GPT 是 Generative Pre-trained Transformer（生成式預訓練變換器）的縮寫。簡要地說，ChatGPT 是基於互聯網可用數據訓練的大型語言模型（Large Language Model, LLM），依靠驚人的算力、算法、算策、鏈接等功能疊加，通過接受大量輸入性文本數據訓練和算法，從而擁有了 AI 創造（Artificial Intelligence Generated Content, AIGC），生成符合人類多語言邏輯的內容。其現實應用場景包括交互式聊天互動、虛擬助理、語言翻譯和優化蒐索、內容生成等。

　　ChatGPT 出自美國 AI 創業公司 OpenAI，是 AI 大模型領域的領軍者，2015 年由艾隆・馬斯克、PayPal 創始人 Peter Thiel 和投資者 Sam Altman 等人創辦。2018 年起

GPT-4 正式發佈，相比 GPT3.5 在多模態、推理能力、支持文本長度方面有了較明顯的提升

OpenAI
成立

推出深度神經網絡
MuseNet 與 GPT-2

推出轉換器語言
模型 DALL-E

2015　2016　2019　2020　2021　2022　2023

推出用於開發和比較
強化學習算法的工
具包 OpenAIGym 與
Universe 軟件平台

推出 GPT-3

在 GPT-3.5 的
基礎上發佈
ChatGPT

其現實應用場景包括交互式聊天互動、虛擬助理、語言翻譯和優化蒐索、內容生成等。

開始發佈 GPT，2019 年獲得來自微軟的 10 億美元投資。2020 年，OpenAI 藉助微軟專門設計的有 285,000 個 CPU 內核和 10,000 個 GPU 的超級計算機，推出了 GPT-3，並投餵了 45TB 的文本數據，參數超過 1750 億個，實現了明顯進化和疊代。2023 年初，OpenAI 發佈了 ChatGPT 聊天機器人，基本做到了能夠識別和生成高質量的自然語言文本，並可以在對話線程中得到訓練。3 月 14 日正式推出多模態大模型 GPT-4。對於許多人來說，與 ChatGPT 的互動是與 AI 的第一次有意識和超現實接觸。

ChatGPT 幾大版本的參數量

◎ 從 GPT-1 到 ChatGPT 演進路線 ◎

2018.6-2019.2	2019.2-2020.7	2020.7-2022.11			2022.11-2023.3	2023.3-
GPT-1	GPT-2	GPT-3			ChatGPT	GPT-4
GPT-1 2018.6	GPT-2 2019.2	GPT-3 2020.5	Codex 2021.8	InstructGPT 2022.3	ChatGPT 2022.11	ChatGPT 2023.3
1.17 億	15 億	1750 億	120 億	13 億	20 億	
主線					參數量	

ChatGPT
為什麼這麼強？

ChatGPT 可以相對可靠地提供一些日常對話、知識獲取的功能，也可以根據人類提供的需求幫忙寫文檔、寫代碼，甚至可以將一張草圖快速編為完整網站，能夠在不同年齡段不同類別考試中位列人類頭部的 10% 行列，比如律師職業資格考試前 10%，生物學奧賽前 1% 等，成為在知識、技能、邏輯領域的全能選手。那麼，它的卓越性能是怎麼來的呢？

歸結起來主要有三點：使用的機器學習模型表達能力強 + 訓練所使用的數據量巨大 + 訓練方法先進。

根據 OpenAI 所言，GPT 最初是使用 Transformer 架構進行訓練。GPT-2 取消了微調階段，變為無監督模型，同時採用更大的訓練集嘗試 zero-shot 學習，通過採用多任務方式，使其擁有更強的理解能力和較高的適配性；GPT-3 使用多種高質量數據集的混合，一次保證了訓練質量，同時用 Few-shot 取代 zero-shot 以提高準確度；此外還引入了「零樣本學習」的新技術，使其在面對陌生語境時有更好的靈活性。ChatGPT 則使用了 RLHF 人類反饋強化學習模型，包括訓練大語言模型、訓練獎勵模型及 RLHF 微調。

為了讓 ChatGPT 的語言合成結果更自然流暢，

使用的機器學習模型表達能力強 + 訓練
所使用的數據量巨大 + 訓練方法先進。

OpenAI 使用了 45TB 的數據、近 1 萬億個單詞來訓練模型，訓練一次的成本高達千萬美元，一個月的運營成本需要數百萬美元。從 GPT 到 GPT-3，參數量從 1.17 億到 1750 億，GPT-4 模型的參數量更可能高達 100 萬億，比 ChatGPT3 模型增加 500 多倍。

GPT 的發佈時間，參數量以及訓練量 [1]

歷代模型	發佈時間	層數	頭數	詞向量長度	參數量	預訓練數據量
GPT-1	2018.6	12	12	768	1.17 億	約 5GB
GPT-2	2019.2	48	-	1600	15 億	40GB
GPT-3	2020.5	96	96	12,888	1,750 億	45TB

1　OpenAI 並沒有提供關於 GPT-4 用於訓練的參數量、算力成本、訓練方法、架構等細節，相關數據暫缺。

GPT-4 的
巨大突破

ChatGPT 推出後的三個多月時間裏，OpenAI 就正式推出多模態大模型 GPT-4，再次拓寬能力邊界，在更複雜、細微的任務處理上回答更可靠、更有創意，在美國 SAT 閱讀寫作中拿下 710 分，數學 700 分（滿分 800），在模擬律師考試中 GPT-4 取得了前 10% 的好成績。

同時，GPT-4 突破了純文字的模態，增加了圖像模態的輸入，具備強大的圖像能力 —— 描述內容、分析圖表、指出圖片中的不合理之處。比如給 GPT-4 輸入了一張「用

User   What is funny about this image? Describe it panel by panel.

Source: hmmm (Reddit)

GPT-4 突破了純文字的模態，增加了圖像模態的輸入，具備強大的圖像能力 —— 描述內容、分析圖表、指出圖片中的不合理之處。

VGA 電腦接口給 iPhone 充電」的圖片，它不僅描述了圖片，還指出了其中的荒謬之處。

在文本處理上，GPT-4 支持輸入的文字上限提升至 25,000 字，允許長文內容創建、擴展對話以及文檔蒐索和分析等用例，且多語言處理能力更優，在測試的英語、拉脫維亞語、威爾士語和斯瓦希里語等 26 種語言中，有 24 種優於 GPT-3.5 和其他大語言模型的英語語言性能。

有人為了考察 GPT-4 的商業動作能力，給它 100 美元的預算，然後讓它儘可能多地幫自己賺錢。用戶只是充當聯絡員的角色，其他事情交給 GPT-4 來做。在這項任務中，用戶給的提示是：「GPT-4，假裝你是 HustleGPT、一位 AI 創業者。我可以充當你和物理世界的聯絡人…… 我會照你說的執行，並隨時向你匯報我們目前的現金總額。」結果，在它的幫助下，用戶用 10 美元買下了一個便宜的域名，並設計公司 logo 之後成立一家公司，設計網站內容。運作 2 天後，該公司成功地吸引到了投資者。

目前，GPT-4 已登陸微軟 Office 全家桶，利用 Microsoft 365 Copilot，能夠自動生成文檔、寫電子郵件、演示文稿，還可以分析 Excel 數據並自動生成圖表，一切都在幾秒鐘完成。

元宇宙中的
交互工具

　　作為下一代自然語言處理（ＮＬＰ）技術的代表，
ChatGPT 可以為元宇宙的發展帶來許多不可替代的推動。

　　首先，在元宇宙中，用戶需要使用語音和文字與其他
人交流，訪問虛擬助手和其他應用。ChatGPT 作為一個自
然語言處理引擎，可以理解和生成自然語言，幫助用戶輕
鬆與其他人和應用進行交互。它還可以根據上下文和歷史
數據，提供個性化的回覆和建議。

　　其次，元宇宙中的數字資產如虛擬貨幣、數字藝品、
虛擬地產、虛擬物品等等，都需要進行管理、交易和分
發。ChatGPT 可以通過自然語言處理和智能合約技術，幫
助用戶更輕鬆地管理數字資產。例如，用戶可以通過智能
合約實現自動交易和分發。ChatGPT 還可以通過對大量數

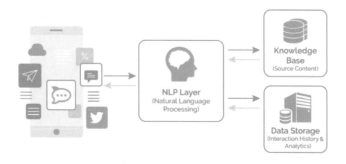

可以理解和生成自然語言，幫助用戶輕鬆與其他人和應用進行交互。

據進行分析和預測，幫助用戶降低風險並提高收益。

此外，在元宇宙中，人工智能助手可以幫助用戶執行各種任務，例如查詢信息、購物、預訂餐廳、預訂機票等等。ChatGPT 可以通過理解和生成自然語言，幫助這些助手更好地理解用戶的意圖和需求，並提供更準確、個性化的建議和服務。

最後，在元宇宙中，由於用戶的信息和數字資產都是數字化的，因此面臨着各種各樣的隱私和安全風險。ChatGPT 可以通過自然語言處理和機器學習技術，幫助用戶識別和預測潛在的隱私和安全問題，並提供相應的解決方案。例如，ChatGPT 可以分析用戶的歷史數據和行為模式，識別潛在的網絡攻擊和欺詐行為，並採取相應的防範措施。

內容生成的
四個階段

    ChatGPT 可以寫詩、作曲、繪畫、剪輯、翻譯，它所代表的 AIGC 逐漸成為內容生產的一支重要力量。

    內容生產生態的發展，經歷了專業創作（PGC）、用戶創作（UGC）、AI 輔助生產內容（AIUGC）、AI 生產內容（AIGC）四個階段。在過去 5 年，我們已經看到內容創造從專業創作（PGC）轉型為用戶創作（UGC）。目前處

電視、電影、遊戲等

由專業團隊生產，內容質量高
內容生產門檻高，壟斷嚴重
生產周期長，難以滿足大規模
生產需求

短視頻，社交媒體文章，播客等

創作工具下放，用戶可自行生產
內容，創作門檻、成本降低

內容生產參與者眾多，創作生態
繁榮，個性化程度高

創作者參差不齊，內容質量不高

AI 輔助文字創作、圖片創作等

AI 技術學習的專業知識輔助內
容生產環節，提高內容質量

AI 技術實現自動化內容生產，
減少創作耗時，提高內容生產
規模天花板

人在關鍵環節依然需要輸入指
令，沒有做到完全自主性

AI 自主文字創作、圖片創作等

實現完全自主性

於一、二階段為主，第三階段為輔的境況。AIGC 克服 PGC 與 UGC 存在的質量、產量無法兼具的缺點，有望成為未來主流的內容生產模式。

ChatGPT 的出現所帶來的內容生成能力將會為當今從用戶創作（UGC）到 AI 創作（AIGC）的轉型提供關鍵的輔助支持，預示着 AIGC 的市場化應用進入了新的歷史階段。

在 UGC 階段，隨着消費者定製化需求越來越高，消費者本身亦參與內容的生產，加上互聯網的興起，智能手機的普及，YouTube、Facebook 等平台湧現，UGC 成為了內容生產的主流模式。UGC、PGC 的興起，使得內容產業的繁榮度邁上一個新的台階，而 AIUGC 與 AIGC 將為我們提供更低的創作門檻以及更豐富的創作思路。在這兩個階段中，內容生產主體從人類本身開始向人工智能遷移，主要區別體現在內容的生產效率、知識圖譜的多樣性，以及能否提供更加動態且可交互的內容上。人腦只能基於自己的知識圖譜進行少數方向的信息處理，而 AI 能從更龐大的知識體系中進行多個方向的處理，進而提供更多的創作思路。據 Gartner 預計，到 2025 年，AIGC 將佔所有生成數據的 10%。

AIGC：
元宇宙的神助攻

　　包括 ChatGPT 為代表的文本生成器和以 DALL-E 為代表的視覺生成器，都屬於內容生產的 AIGC 創作工具。這些創作工具，都建基於生成式 AI 技術。生成式 AI 起源於分析式 AI，後者的發展為前者的產生奠定基礎。分析式 AI 的知識局限於數據本身；生成式 AI 在總結歸納數據知識的基礎上，可生成數據中不存在的樣本。

　　AIGC 的最新發展，能大幅提高數字內容生產效率，降低製作門檻，為元宇宙移除技術障礙，助力數字原生內容生產和元宇宙場景落地。以往，3D 內容製作開發周期較長，通常以年計，在生產方式上，或來源於現實，通過掃描或重建模型實現材質、光影、動作捕捉等，或通過創作工具輔助藝術家實現。當下，新興的 AIGC 可根據已有數據做衍生，創作更多新內容，為 3D 互聯網發展提供了高效率的工具。

　　得益於此，世界科技巨頭相繼推出新版文本轉 3D 生成器，英偉達 Nvidia 推出 GET3D，Meta 推出 Make-a-Video，Google 推出 DreamFusion。運用這些工具，在並不遙遠的未來，用戶們將很快能夠動手創建自己的元宇宙世界。目前，元宇宙建造者們已經利用 ChatGPT 創建文本，進而用 DALL-E 從文本提示中創建圖像，以構思和設計

AIGC 的最新發展，能大幅提高數字內容生產效率，降低製作門檻，為元宇宙移除技術障礙，助力數字原生內容生產和元宇宙場景落地。

新的虛擬世界。雖然距離佔據主導尚需時日，但 ChatGPT 等人工智能正在快速融入元宇宙專業創作者們的工作流，並成為獲取信息的新方式。

AIGC 與元宇宙雙向奔赴，ChatGPT 等技術的出現，將元宇宙至少向前推進了 10 年，語言的交互是第一步，然後才能實現行為的交互。一個精彩紛呈的故事正在發生，到 2030 年前後，元宇宙應用將無處不在。

數據學習	數據學習＋新數據生成
分析式 AI 利用機器學習技術，學習數據分佈，進行如分類、預測等任務。 發展過程中誕生了卷積神經網絡、殘差深度網絡、Transformer 網絡結構等	**生成式 AI** 在學習歸納數據分佈的基礎上，學習數據產生的模式，並創造數據中不存在的新樣本。 在分析式 AI 技術基礎上誕生大型 Transformer 網絡，Didffusion 等新模型
推薦系統：挖掘用戶與物品的關聯關係	文字創作：通過提示文本生成完整文案
人臉識別：根據輸入人臉信息進行身份判別	圖像生成：根據關鍵信息生成風格多樣的圖片，如博客配圖、海報圖片等
文字識別：根據文字圖片輸出文本	代碼生成：根據上下文生成完整代碼

口述世界
可望成真

　　AI 在虛擬世界環境和內容構建方面，顯然比人類手工建造速度要快得多。用戶無需設計平面圖或提供建築背景，只要輸入提示詞，就可以創建滿足需求、符合審美的虛擬 3D 環境。在虛擬人方面，AI 角色已超越了需要預設腳本的 NPC 角色，以文本形式出現，例如，登錄網站 character.ai, 即可與 AI 版本的馬斯克、蘇格拉底和美國歌手碧梨（Billie Eilish）對話。

　　此外，遊戲公司生產新角色的效率也明顯提升，利用從文本到圖像的 AI 生成技術，用戶只需輸入髮色、髮型、臉型等面容特徵，就可以輕鬆獲得一副逼真的人物肖像，還可結合 ChatGPT 的腳本提示，得到關於這個人物的背景故事。

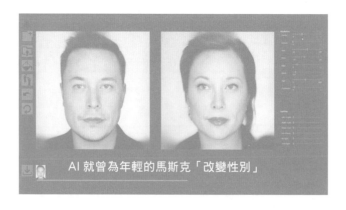

AI 就曾為年輕的馬斯克「改變性別」

由於 ChatGPT 等技術帶來的 AIGC 革命，口述世界即將成真，而且還將引發創作者井噴式出現，在各個領域激發元宇宙世界發展的無限潛能。

AIGC 將帶來顛覆式的影響，徹底改變創作者模式，顯著降低創作者技術門檻。

專業 AIGC 工具不僅可以提高創作者的生產力，還顯著降低將創意變為現實所需的技術技能。ROBOLX 有意通過 AIGC，使創作變得更快且更容易，將其平台上 5880 萬用戶打造成為創作者。

針對那些會編寫代碼但是不了解 3D 模型的創作者，和善於模型設計卻缺少代碼經驗的創作者，甚至毫無技術背景的人，Roblox 正在構建一個 AIGC 平台，發展通過語音、文本或基於觸摸的手勢，取代鼠標和鍵盤移動，即可實現傻瓜式創建，提供更加直觀和自然的 3D 創造體驗，幫助他們將想像力發揮到極致，並轉化為創作者領先優勢。英偉達、微軟也都提出了類似願景，可以預見，由於 ChatGPT 等技術帶來的 AIGC 革命，口述世界即將成真，而且還將引發創作者井噴式出現，在各個領域激發元宇宙世界發展的無限潛能。

會取代
我們的工作嗎？

斯蒂芬・霍金曾經告訴英國廣播公司（BBC），「人工智能可能會以越來越快的速度重新設計自己，並通過超越生物進化來取代人類」。OpenAI 發表了一篇論文，預言80% 美國人的工作會受到 AI 的影響。受影響最大的職業包括翻譯工作者、作家、記者、數學家、財務工作者、區塊鏈工程師等。情況到底如何呢？

我們不妨問問 GPT-4，讓 GPT-4 給出將會被取代的 20種工作崗位。在輸出的答案中，以下職位赫然在列：

倉庫管理員；生產線工人；數據輸入員；客服代表；會計和審計員；銀行櫃員；商場導購員；司機（包括出租車、公交、貨運等）；保安人員；清潔工；文字編輯與校對

受影響最大的職業包括翻譯工作者、作家、記者、數學家、財務工作者、區塊鏈工程師等。

員；翻譯；郵遞員；電信行業操作員；景區導遊；招聘人員；質量檢測員；市場調研員；速記員；庫存管理人員。

為避免失業，我們要麼考慮學習新技能，提升現有技能，使自己在職場上更具競爭力。要麼就只能轉行，去從事那些 AI 難以替代的行業工作，例如創意產業、人力資源、心理諮詢等。或者我們也可以另闢蹊徑，從現在開始了解和學習 AI 技術，探索如何將 AI 技術與自己的工作結合，實現人機協同。

2023 年 4 月，ChatGPT 還評選出了未來 10 個最受歡迎的職業，其中排名第一的是人工智能（AI）軟件工程師，主要職責包括算法、機器學習系統和神經網絡的開發，以及模型的訓練和優化。排名第二的是機器人專家，專注於機器人的設計與集成生產，並負責診斷與維修。排名第三的是網絡安全專家，負責保護計算機系統和網絡的安全，進行風險分析並制定安全措施。此外，排行榜中還包括虛擬現實（VR）和增強現實（AR）的開發人員、基因治療和基因編輯專家、能源可持續性工程師、生物技術專家、物聯網軟件工程師、數據分析師和區塊鏈工程師。

由此可見，AI 在取代我們的一部分工作的同時，也指出了更有前途的工作崗位。

元宇宙相關名詞解釋

數字分身（Digital Avatar）

是指某人在虛擬世界裏的數字呈現或虛擬映射，依據不同的場景或應用，該數字呈現或虛擬映射可以是數字孿生，也可以不是。

數字孿生（Digital Twin）

是指在信息化平台中對現實社會中的對象或系統全生命周期的數字呈現或虛擬映射，其能夠實時地對數據進行雙向同步與更新，並使用機器模擬、學習和推理來幫助決策和遠程輔助。

數字原生（Digital Native）

指信息化平台中的創作者（包括虛擬分身、NPC 虛擬人或者 AI）在數字世界中的數字創作，它既可以與現實社會中的對應物聯繫，也可以只存在於信息化平台中，核心是知識和產品本身是從海量數據關聯中生產出來的。

虛擬數字人（Metahuman）

是指利用以計算機技術為核心的信息科學方法對人類在不同水平的形態、行為和功能進行的虛擬仿真。

區塊鏈（Blockchain）

是指利用分佈式數據存儲技術建立的塊鏈式數據結構與系

統，它採用透明和可信規則，以密碼學為基礎，具有不可偽造、不可篡改、不可抵賴以及可追溯的特點，是金融及信用體系建設的基礎關鍵技術路線之一。目前，區塊鏈技術最大的應用是數字貨幣。

通證（Token）

指通過區塊鏈加密技術、共識規則、智能合約、應用目標等建立起來的區塊鏈憑證，即一種可流通、可識別、防篡改的數字權益證明，可具有價格、收益、權利三個維度的屬性。它可以為智能合約所管理，也可為握有錢包私鑰的人所擁有和使用。目前已經出現同質通證、非同質通證、聲望通證等多種通證類型，全方位應用於虛擬世界的組織、經濟和文化。有人也譯為代幣或令牌。

非同質化通證（Non-fungible Token, NFT）

是指基於區塊鏈技術，用於表示數字化資產或數字資產的唯一加密憑證，不同於比特幣等同質化代幣，具有不可分割、不可替代的特性，使用 NFT，可以安全方便地為特定資產標識其在區塊鏈上的所有權。

腦機接口（Brain Computer Interface, BCI）

是指不依賴於人或動物的外圍神經和肌肉等神經通道，直接實現大腦與外界信息傳遞的通路，可以真正實現現實世界和元宇宙

之間的終極沉浸式互動。從腦電信號採集的角度，一般分為侵入式和非侵入式兩大類。

沉浸式體驗（Immersive Experiences）

是指利用以計算機為核心的現代高科技方法為用戶提供虛擬或虛實融合的高仿真場景，使其從視覺、聽覺、觸覺、嗅覺、味覺等多維度獲得感官響應的過程。

擴展現實（Extended Reality, XR）

是指採用以計算機為核心的現代高科技手段生成的虛擬或虛實融合的人機交互環境，通常作為增強現實、虛擬現實、混合現實等多種技術的統稱。

增強現實（Augmented Reality, AR）

是指採用以計算機為核心的現代高科技手段生成的附加信息對使用者感知到的真實世界進行增強的環境，生成的信息以視覺、聽覺、味覺、嗅覺、觸覺等生理感覺融合的方式疊加至真實場景中。

虛擬現實（Virtual Reality, VR）

是指採用以計算機為核心的現代高科技手段生成的逼真的視覺、聽覺、觸覺、嗅覺、味覺等多感官一體化的數字化人工環

境，用戶藉助一些輸入、輸出設備，採用自然的方式與虛擬世界的對象進行交互、相互影響，從而產生親臨真實環境的感覺和體驗。具備沉浸感（emersion）、交互性（interaction）、構想性（imagination）和智能化（intelligence）。

混合現實（Mixed Reality, MR）

是指實現真實場景和虛擬場景的混合匹配的技術，場景中物理對象和虛擬對象共存且能夠實時交互，從而構建出的一個真實對象和虛擬對象實時交融的新環境。

沙盒遊戲（Sandbox Game）

是指遊戲地圖較大、與 NPC 或環境互動性強，且可為玩家提供極高的自由度與創造力的遊戲產品和服務，玩家可以自由地探索、創造和改變遊戲中的內容。

雲計算（Cloud Computing）

是指基於互聯網，用戶按需訪問服務商所提供的可配置共享計算資源池（例如網絡、服務器、存儲、應用程序、服務等）的技術統稱，是元宇宙應用的算力基礎之一。

邊緣計算（Multi Access Edge Computing, MAEC）

是指一種優化雲計算系統的方法，在「網絡邊緣側」即靠近

物或數據源頭的一側，採用網絡、計算、存儲、應用核心能力為一體的開放平台執行數據處理，就近提供最近端服務，以滿足行業數字化在敏捷聯接、實時業務、數據優化、應用智能、安全與隱私保護等方面的關鍵需求。

物聯網（The Internet of Things, IoT）

是指基於標準的和可互操作的通信協議，實現人、機、物等之間信息互聯互通的網絡基礎架構的統稱，具備信息實時性、數據可查、信物系統唯一性特徵，是元宇宙相關應用尤其是數字孿生相關應用的關鍵技術。

人工智能（Artificial Intelligence, AI）

是指利用計算機或由計算機控制的機器，模擬、延伸和擴展人類的智能，感知環境、獲取知識並使用知識獲得最佳結果的理論、方法、技術和應用系統的統稱，是元宇宙技術與元宇宙應用的重要指標和關鍵技術。

數字藏品（Digital Collections）

是指具有唯一性和不可篡改性的、有收藏價值的虛擬產品。一般由企業或個人創作，授權第三方並進行二次加工後通過區塊鏈技術進行認證和加密，通過互聯網交易平台進行交易。

數字資產（Digital Assets）

是指具有經濟價值的原生數據，通常為權利或權益的電子記錄，該原生數據本身就是資產，原生數據的滅失將導致資產的滅失。該術語不包括基礎資產或債務，除非該資產或債務本身是一個電子記錄。數字資產與實體資產的區別在於，數字資產本身並不以實體形式存在。例如，比特幣是一種數字資產，因為它是一種專門在比特幣區塊鏈上創建並存儲的電子記錄。

去中心化自治組織（Decentralized Autonomous Organization, DAO）

又稱分佈式自治組織或分散式自治組織，即通過一系列公開公正的規則，可以在無人干預和管理的情況下自主運行的組織形式，由其所有成員集體擁有和組織。成員可以使用區塊鏈設定自己的規則並對關鍵決策進行投票，當全部程序設定完成後，就按照既定規則或決策開始運作。

去中心化金融（Decentralized Finance, DeFi）

指以區塊鏈為基礎的金融系統，不管是借出或借入資金或是交易加密貨幣，甚至在帳戶中獲得利息，都不依賴銀行等第三方金融機構提供任何金融工具，而是利用區塊鏈上的智能合約進行交易活動，交易紀錄會在鏈上被公開驗證，不能被人隨意篡改。它是與

有中心化的金融服務（CeFi）相對的，優點是比 CeFi 更有效率、更開放、更具透明性而且不同金融服務更容易整合。

數字貨幣（Digital Currency/Electronic Payment, DC/EP）

是電子貨幣形式的替代貨幣（Alternative Currency）。早期是一種以黃金重量命名的電子貨幣形式，發展到今天，比特幣、以太坊等數字貨幣改為依靠校驗和密碼技術來創建、發行和流通，基於特定的算法得出，發行量是有限且被加密保證安全。其特點是運用 P2P 對等網絡技術來發行，能被用於真實的商品和服務交易，而不局限在網絡遊戲中。有觀點認為，數字貨幣應有且僅有「央行數字貨幣」這一種存在形式。

虛擬貨幣（Virtual Currency, VC）

虛擬貨幣是價值的數字表示方式，可作為交易媒介、記賬單位及 / 或價值儲藏手段。它並非由中央銀行或公共權威機構發行，也不一定與某一法定貨幣掛鉤，但被自然人或法人接受用於支付手段，可以進行電子化轉移、儲藏或交易。具有與真實貨幣相同的價值或充當真實貨幣替代品的虛擬貨幣，稱為「可兌換」虛擬貨幣，如比特幣，採用以加密算法為核心的區塊鏈技術，可以在用戶之間進行交易，可以購買或兌換為美元、歐元以及其他真實或虛擬貨幣。

加密貨幣（Cryptocurrency）

指使用安全加密算法的數字貨幣或虛擬貨幣。加密貨幣與中心化的電子貨幣和中央銀行系統相對，並非由任何中央機構發行，其運作基於區塊鏈——一種公開的交易數據庫及分佈式賬本，是去中心化的。

遊戲化金融（Game Finance, GameFi）

是指區塊鏈遊戲（Game）和去中心化金融（DeFi）的組合。用於此類視頻遊戲的技術是區塊鏈技術，允許玩家成為遊戲元素的唯一合法擁有者。在傳統視頻遊戲中，玩家必須付費才能獲得優勢，例如升級，減少等待時間或購買道具。而 GameFi 引入了「play-to-earn」的模式，玩家可以通過運用知識或投入時間而賺錢。

邊玩邊賺（Play to Earn, P2E）

指區塊鏈遊戲的一種模式，允許玩家通過玩遊戲來產生收入。與之對應的是現實世界的遊戲行業裏普遍的 F2P（Free to Pay）模式，後者指的是玩家可以免費遊戲，但需要更好的遊戲體驗則需要充值。而在 P2E 遊戲中，玩家和掮客可以通過運用技能、投入時間或者質押、生產、交易 NFT 物品獲得收入，從而產生了遊戲內經濟。

用戶生成內容（User Generated Content, UGC）

指網站或其他開放性平台的文字、圖片、影像等內容由其用戶貢獻生成，生產主體是普通用戶，主要是出於分享個人的經歷和興趣的目的進行內容的生產和傳播。2005年左右開始，互聯網上許多圖片、視頻、博客、播客、論壇、評論、社交、Wiki、問答、新聞、研究類的網站都使用了這種方式。抖音中的個人視頻創作、對微博等的評論、表情包的創作、視頻中的彈幕等等都是UGC的體現。

專業生產內容（Professional Generated Content, PGC）

指由專業人士所生產的內容，具有專業、深度、垂直化等特點，內容質量相較於UGC更有保證。生產主體是在某些領域具備專業知識的人士或專家，PGC內容能夠提升內容產品的質量，使得平台的知名度和聲譽度都得到保證，優質的內容能夠對用戶產生吸引，實現用戶導流，為實現知識付費、衍生產品和相關產業開發打下基礎，是內容變現的重要途逕。

職業生產內容（Occupationally-generated Content, OGC）

指專業媒體機構生產的內容，生產主體為具備一定知識和專業背景的從業人員，如媒體平台的記者、編輯以職業身份參與生產並從中獲得報酬。它不僅要求生產主體具備知識或資歷，還要求其

有職業身份，發佈之前已經過了一次內部審核，有助於生產出更多更高質量的內容，更受到人們的信任和依賴。但與 UGC 和 PGC 相比，與普通用戶的互動性受限，生產成本也更高。

AI 輔助用戶生產內容（AI-assisted User-Generated Content, AIUGC）

指通過利用 AI 工具，用戶發出指令使 AI 自動生成內容，完成複雜的代碼、繪圖與建模等任務，從而進一步降低了創作和生產門檻，提高創作效率。目前已有應用如數字人主播、繪畫軟件 Jasper AI 等。但 AI 在其中僅扮演輔助角色，暫不具備成為創作者進行自主創作的能力，而依然需要人類在關鍵環節創作內容或輸入指令。隨着數據、算法等核心要素不斷地升級迭代，AIUGC 將突破人工限制而發展為 AIGC。

人工智能生產內容（Artificial Intelligence Generated Content, AIGC）

指完全的人工智能創作生產的內容。AIGC 和 NFT、VR/AR 是元宇宙的三大基礎設施。AI 可根據給定的主題、關鍵詞、格式、風格等條件，自動生成各種語種和類型的文本、圖像、音頻、視頻、代碼、策略等內容，質量和產量比 UGC 和 PGC 更具可控性。目前，代表性的 AIGC 創作工具主要有以 ChatGPT 為代表的文本生成器和以 DALL-E 為代表的視覺生成器等。

第三代互聯網 (World Wide Web3.0, Web3)

　　指由 DLT（分佈式賬本技術）支援，基於區塊鏈的去中心化網絡世界，也將是驅動元宇宙的基礎建設技術。目前對 Web3 的展望包括：一、將網絡轉化為數據庫，結構化數據集以可重覆利用、可遠程查詢的格式公佈於網絡上，比如 XML, RDF 和微格式。二、提供一條最終通向人工智能網絡進化的道路，使人工智能最終達到以類似人類的方式思辨的程度。三、與第二條相聯繫，可以是語義網概念的實現和擴充。四、將整個網絡轉化為一系列的 3D 空間，提供新的方式在 3D 共享空間連接和協同。

圖說元宇宙 須彌 著 孫垚 繪

從 BIGANT 到 ChatGPT（第二版）

責任編輯	李夢珂　王春永
裝幀設計	譚一清
排　　版	賴艷萍
印　　務	劉漢舉

出版　　開明書店
　　　　　香港北角英皇道 499 號北角工業大廈一樓 B
　　　　　電話：(852) 2137 2338　傳真：(852) 2713 8202
　　　　　電子郵件：Info@chunghwabook.com.hk
　　　　　網址：http://www.chunghwabook.com.hk

發行　　香港聯合書刊物流有限公司
　　　　　香港新界荃灣德士古道 220-248 號
　　　　　荃灣工業中心 16 樓
　　　　　電話：(852) 2150 2100　傳真：(852) 2407 3062
　　　　　電子郵件：info@suplogistics.com.hk

印刷　　美雅印刷製本有限公司
　　　　　香港觀塘榮業街 6 號海濱工業大廈 4 樓 A 室

版次　　2022 年 6 月初版
　　　　　2023 年 5 月第二版
　　　　　©2022 2023 開明書店

規格　　32 開（184mm x 130mm）

ISBN　　978-962-459-285-6